NF文庫
ノンフィクション

海軍フリート物語［黎明編］

連合艦隊ものしり軍制学

雨倉孝之

海軍フリート物語［黎明編］——目次

プロローグ　艦隊の実状、内情あれこれ……9

第一章　明治の艦隊……11

第二章　大正の艦隊……73

第三章　昭和前期の艦隊

海軍フリート物語［黎明編］

――連合艦隊ものしり軍制学

プロローグ　艦隊の実状、内情あれこれ

〝物語〟を始めるにあたり

〝艦隊〟――それはたったの二字だが、内側に力強さと頼もしさを秘めた、じつに響きのよいひきしまった言葉だ。

艦隊といえば、昭和を生きつづけてきたわれわれに、なかでも懐かしさを感じさせるのは、〝連合艦隊〟の四文字だろう。明治、大正、昭和、三代にわたる日本の栄光をささえてきた、欠くことのできない有力な一要素としての存在をよく認識しているからだ。したがって、その実像を知っているいないにかかわらず、すくなくとも本書の読者には、ある種の親しみをただよわせて連合艦隊の文字は、艨艟（もうどう）たちの幻影と重なり合うように迫ってくるにちがいない。

さて、この『海軍フリート物語』は、そんな艦隊――それは連合艦隊を構成するものも、またそうでなく別個に店構えする艦隊も、あらゆる艦隊の実状、内情あれこれについて語っ

ていこうと意図している。

艦船、兵器の発達にしたがって海軍戦略・戦術は進歩し、戦略・戦術の要求とともに艦隊の編制も変化してきた。当然のことながら、そういう艦隊で平時に実施する戦争の稽古、すなわち訓練・演習の様相も変わっていった。そして、その成果がフィードバックされて、艦船、兵器の進歩をまた促すのだった。

ということで、平時艦隊の成り立ち、編制がそういうこととどんなふうに関わってきたか、また、戦時中の艦隊では戦闘の実際によってフリートの組織がどのように変化していったか、変化せざるを得なかったか……などについて話をすすめていってみようと思う。

連合艦隊が絶頂をきわめ、また挫折のどん底に叩きこまれた太平洋戦争中と、それにすぐ前続する猛訓練時代、すなわち昭和期の実態に大きなウェイトがかけられる。だが、そこまでよって来たった大正、それから明治の艦隊もはぶくわけにはいかない。古い昔がたりにもかなりの比重をおくつもりだ。

第一章　明治の艦隊

ていこく艦隊こと始め

ではさっそく、出発点を百数十年ほど昔にもどす。

艦隊と名のつく海上部隊が最初につくられたのは、明治三年（一八七〇）のことだ。まだ海軍省ができるまえ、わが陸海軍イザナギ・イザナミの兵部省時代である。

おりしも発生した普仏戦争にからんで、局外中立を宣言した明治新政府は海軍に小艦隊を編成させ、国内各開港場の沿海警備にあてたのだ。それはつぎの三コ艦隊である。

横浜港＝甲鉄艦、乾行（けんこう）艦
兵庫港＝春日艦、富士山（ふじやま）艦、摂津艦
長崎港＝龍驤艦、電流艦、延年艦

このころは、まだ、こんな各部隊の長を司令官とか司令長官などとはいわず、「小艦隊指揮」とよんでいた。とても面映ゆくて、〝長官〟なんぞと言えなかったのだろう。

翌四年までには、諸藩から召し上げたフネや政府が直接購入した軍艦やらで、海軍の艦船数も二〇隻をこえるようになった。そこで、兵部省では達しを出し、正式に「艦隊ハ軍艦一二艘ヲ以テ大艦隊トナシ八艘ヲ以テ中艦隊トナシ四艘ヲ以テ小艦隊トナシ……」と定めた。

こうして、あくる年の明治五年に「中艦隊」が置かれた。九年には横浜に東海鎮守府が設けられる。当時、この鎮守府港内にも軍艦が碇泊することはあったが、だいたい東京湾方面にいる艦船の常泊地は品川沖であったらしい。海軍のフネが横須賀軍港にうつったのは、ず

っとのち、日清戦争後のことだった。

ところで、艦隊の最大目的は海上で敵艦隊と戦闘し、勝利することにある。ならば、そのころの日本艦隊の戦法や訓練状況はどんなあんばいであったろうか。

武器といえば大砲だけ、魚雷の本邦出現は明治一七年になってからだ。そして最後は、相手にぶつかっていって衝角で敵艦の横ッ腹に穴をあけて沈めようと考えていたのだからすさまじい。艦は蒸気機関でも走るが、帆前を使って帆走もする帆汽両用艦である。しかも、士官も兵員もそんな洋式軍艦に乗りだして日が浅かったから、なによりもまず、フネを乗りこなすことに精力をつかわなければならなかった。

「白い船を見たら避けろ」が、当時の商船船員なかまの合言葉だったらしい。このころの軍艦は白色に塗られていた。およそ、海軍の行船の乱暴、拙劣ぶりがうかがえる。

そんな幼稚な時代ではあったが、師匠としたイギリス海軍からはやくも兵術関係の本がもたらされてきた。篠原宏氏の『海軍創設史』によると、明治一〇年代の前半に『艦隊運動軌範』とか『海軍兵法要略』『艦隊運動指引』などといった翻訳書が使われだしたようだ。原本の編纂者は、お雇い海軍教師として来日したL・P・ウィルランという英海軍中佐だった。

敵艦隊をいかに有利な態勢で攻撃し、いかに自らを守るかの戦術、その戦術の効果をあげるためには、艦隊をどう配置し運動させるべきかなどを説いた教科書であった。ヒヨッコ海軍にとってこれらのテキストは、いささか〝高嶺の花〟〝猫に小判〟の感がしなくもなかった。

とはいえ、日本艦隊も、量・質の両面でしだいに進歩、発展する。明治一七年二月ごろには艦艇三一隻、約三万二〇〇〇トンに増え、その年、「艦隊編制例」という例規が新たに定められた。

「凡ソ艦隊ハ三艘以上ノ軍艦ヲ以テ之ヲ編成シ其勢力ニ応シ別テ左ノ三種トス

大艦隊　中艦隊　小艦隊」

そして、〝常に設置して国防に備える艦隊〟を置くことにし、ほかに、臨時にも艦隊を編成できるような制度をこしらえた。だいぶ、近代的な規定になったわけだ。明治九年から一四年まで艦隊は設置されていなかったが、この制度改正以後、そういうことはなくなっている。

中艦隊は廃止され、翌一八年から「常備小艦隊」が毎年、編成されるようになった。多い年で九隻、少ないときには五隻の艦隊もあった。したがって、結局〝大艦隊〟なる艦隊は、規定のうえだけのことで実現せずに終わってしまったのである。

常備艦隊誕生す

艦隊編制例の制定された明治一七年は、また軍令を担当する海軍軍事部の設けられた年でもあった。陸軍では、すでに一一年に参謀本部をこしらえていたが、ようやく海軍にも、艦隊の編成や配置、作戦や出師準備などを掌る軍令機関ができたわけだ。フネを動かすだけでなく、戦術とか戦略に頭を向けはじめたのであった。

そんな風潮をリードするように、明治一九年、『海軍戦術一斑』という労作をつくった青年士官があった。島村速雄中尉。日露戦争には、前半を、連合艦隊参謀長として東郷平八郎司令長官をたすけた人だ。のちに大将、元帥になる。この書物は大いに部内で賞賛されたが、さらに彼は机上の勉強のみでなく戦術実地演習の必要性も主張した。

明治二〇年六月、「戦闘方法取調委員会」設置。さっそく清水湾に艦隊を集合させ、さかんに演習を試みた。むろん主唱者島村大尉もその一員に入っていた。後年の大演習、小演習にくらべれば規模は小さかったが、全員熱気ムンムンの状況だったらしい。横須賀へもどってからも、小蒸気（かんさいてい）を軍艦に見立てて艦隊の対抗戦を行ない、各級指揮官や参謀の戦術能力向上に役立てたのだった。

軍艦の威力が単艦のそれにとどまらず、集合体である艦隊の威力として評価されるように変わりだした。そんなころの明治二二年、艦隊編制例は「艦隊条例」と改められた。艦隊に関する法令が大人になりだした。日本艦隊の〝元服〟といったところか。

深謀の名将・島村速雄

艦隊の編成基準などは前どおりだったが、常置される艦隊の名は「常備艦隊」と改められた。「扶桑」をのぞいては、明治一六年以降製の「高千穂（旗艦）」「大和」「葛城」「武蔵」「浪速」の新鋭による編成だった。

「艦隊ニ司令長官ヲ置キ其勢力ニ応シ大将中将若クハ少将ヲ以テ之ニ補ス」

初代の司令長官には、国産艦「清輝」で初のヨーロッパ遠航に成功した井上良馨少将が任じられた。六隻編制ではまだ中将は据えられない、というところだろう。が、常備艦隊の基本編制を六隻とする状態は日清戦争の直前までつづく。ついでに書くと、この明治二二年は、あの旭日の「軍艦旗」が制定された年でもあった。

海軍が戦術意識に目ざめだしたころの明治一八年三月、東京湾付近で小艦隊と東京鎮台が組み、海陸連合演習が実施された。それまでも、演習に類する小規模の操練はしばしば行なわれていたが、海軍で組織的に「演習」としてもよおしたのは、これが初めてだった。

その四年後の二二年三月末から四月にかけて、一〇日間、こんどは海軍独自の第一回大演習が実施された。中牟田倉之助中将を総指揮に、艦隊を甲乙両軍にわけ、東京湾の攻守を想定して研究したのだ。なにしろ、創設後二〇年しかたたない海軍のこと、すべてが〝初めて〟ずくめである。

さらに三年たち、二五年三月には第二回目の大演習が行なわれた。朝鮮半島における日本と清国との対立はきわめて激しくなっていた。この大演習は、そんな国際情勢を十分に認識して実行されたにちがいない。

総指揮官兼審判官長は前回と同じ中牟田中将だった。このとき中牟田は呉鎮守府司令長官の職にあった。常備艦隊と各鎮守府の艦船が参加して展開された。第一期と第二期にわけ、第一期では艦隊の集合や警戒航行などを演練した。メインである第二期には、対馬方面の攻撃防御を研究したあと大海戦をくりひろげ、さらに佐世保軍港の占奪戦を演じたのだった。

佐世保占奪戦では、「攻撃軍艦隊ハ各艦其ノ向フ所ノ敵艦ニ当リ、両軍ノ諸艦相近接シ、大砲ニ次クニ速射砲及ヒ小銃ヲ以テシ、或ハ魚形水雷ヲ放チ、遂ニ襲撃隊ヲ用フルニ至ル。此時敵ノ旗艦海門驀進シテ我カ旗艦浪速ノ前面ヲ横過セントスルヤ、浪速ハ進ンデ之ヲ撞撃セントシ、衝突用意ヲ命シ尋デ一斉発射ヲ以テ猛撃シ、終ニ海門ヲシテ廃艦トナラシム（『中牟田倉之助伝』）」る熱戦ぶりだったらしい。攻防両軍の戦闘行動はグッドであるとして、中牟田総指揮官は好評点をあたえている。

連合艦隊初編成さる

明治二七年、日清関係が一触即発になった七月一九日には、常備艦隊は、旗艦「松島」ほか軍艦一六隻、付属船二隻、そして水雷艇を六隻もくりこんで総勢二四隻の大部隊にふくらんでいた。司令長官は、伊東祐亨中将が前年の二六年五月から任命されていた。中将の常備艦隊司令長官はこれが初めてで、以後、〝中将長官〟の方式は定着する。

いっぽう、おもに二〇〇〇トン以下の小型、低速艦をあつめて「警備艦隊」という部隊をつくった。一五〇〇トンの「葛城」を旗艦にほか八隻、七月一三日に編成したのだ。司令長官は相浦紀道（のりみち）、こちらは一段下がった少将だった。ただし、のち中将、男爵となる。

だが、編成後一週間とたたないうちに「西海艦隊」と名前が変えられた。陸軍少将から海軍に鞍がえし、開戦直前の七月一八日に海軍軍令部長にすわった樺山資紀中将がイチャモンをつけたからだ。「〝警備〟なんぞでは、内地を守る退嬰的なひびきがあって不適当だ」と言ったとかで、呼称変更になったらしい。

「艦隊ハ役務ニ因テ其名ヲ付シ又之ヲ布置シ或ハ発遣スル所ノ海洋若クハ地方ノ名ヲ取リ某艦隊ト称スルヲ例トス」

明治一七年にこう定められており、その後、表現は多少変わったが、命名基準は昭和の敗戦まで持続されている。西海艦隊と変更したからといって、パッとした名称になったとは思えないが、ずっと以前に〝東海艦隊〟〝西海艦隊〟を置こうとしたことがあるらしい。その亡霊がまたぞろ出てきたのだろうか。

ついで七月一九日、常備艦隊とこの西海艦隊をつらねあわせて「連合艦隊」がつくられた。司令長官は常備艦隊長官伊東中将の兼務である。初の編成だったが、編成上の法規そのものは一〇年前にできていた。明治一七年の艦隊編制例で、「艦隊ハ二艦隊以上ヲ併合シテ更ニ一艦隊ヲ編成シ又二艦隊以上ヲ集合シテ連合艦隊ヲ編成スルコトアリ」と定められていたのだ。

こうして、総計三三隻におよぶ大艦隊ができあがったが、さて、中味のほうはどうだったのだろう。

当時、清国の北洋艦隊には「定遠」「鎮遠」という、七三〇〇トンあまりの大型甲鉄艦があった。明治一七年、ドイツでの建造、三〇・五センチ砲四門と一五センチ砲二門ほかの大砲をそなえた世界一流の巨艦だ。速力は一四・五ノット。

しかし、それに匹敵するような軍艦を、日本にはつくる力も金もなかった。やむを得ず対抗策として建艦したのが「厳島」「松島」「橋立」のいわゆる〝三景艦〟だ。排水量は四〇〇〇トン、各艦三二・五センチ砲を一門ずつ載せ、一六ノットの優速で三隻力を合わせて「定遠」「鎮遠」を各個に撃破しようと、苦しまぎれの艦隊をととのえたのであった。

それにしても、こんな劣勢艦隊をもって優勢艦隊に打ち勝つためには、いったいどうしたらよいのか――。

初の対外・艦隊戦準備

明治二七年八月一日、ついに日清両国は、たがいに宣戦を布告した。しかし、じっさいの戦闘はすでに始まっていた。七月二五日に、朝鮮西岸仁川に近い豊島沖で海戦が行なわれていたのである。日本艦隊はじめての対外国艦隊戦だったが、戦ったのは「第一遊撃隊」という、聞くからに身軽くスバシッコそうな部隊だった。

さきほど、開戦直前になって常備艦隊がふくれあがり、そのほかに、西海艦隊がつくられたことは書いた。だが、常備艦隊だけをとってみても、そのままの姿で戦争ができる状態にはなかった。いよいよ戦（いくさ）が起こりそうだというので、戦えそうな艦艇のありったけをぶち込み、水雷艇までいれて総数三四隻の艦隊をこしらえている。だが、なかみに何の艦種による類別、整頓もなく、たんなる〝寄せ集め艦隊〟といってよかったからだ。

戦争のあいだには、少数の艦艇どうしの戦いもあれば、双方全艦結集、のるかそるかの決戦に国運をかける大海戦もある。また、軍隊や物資を輸送する船団の護衛戦もまま考えられよう。となれば、作戦の目的に応じて、その目的を達成するのに都合のよいように、艦隊のなかを、一時的に区分する必要がある。

第一遊撃隊は、こんなやり方――これを軍隊区分というのだが――でつくられた部隊だった。もちろん、ほかにも臨時部隊は編成されている。

本隊＝第一小隊・松島、千代田、高千穂
　第二小隊・橋立、厳島
第一遊撃隊＝吉野、秋津洲、浪速
第二遊撃隊＝葛城、天龍、高雄、大和
水雷艇母艦＝比叡
運送船護衛艦＝愛宕、摩耶

といったあんばいであった。このうち、本隊と第一遊撃隊は常備艦隊の軍艦であり、第二遊撃隊は西海艦隊からの抽出艦だ。

ところで、前年の二六年五月から、伊東祐亨中将が常備艦隊司令長官に任命されていたのだが、六隻時代ならともかく、二四隻の大艦隊になると、一人の長官で隅ずみまでとりしきれるものではない。そのため二二年七月、艦隊条例を制定したとき、そのなかに「大将若クハ中将ノ司令スル艦隊艦数多キトキハ其下ニ司令官ヲ置キ少将若クハ大佐ヲ以テ之ニ補スルコトアリ」ときめておいた。

将来を見越しての規定だったが、この条項の末尾を、いっそう強く「……以テ之ニ補ス」

と改定してさっそく適用し、坪井航三少将を「艦隊司令官」に据えることにした。ときの官房主事（後年の海軍省先任副官）山本権兵衛大佐が推薦したのだが、任命までにはちょっとしたいきさつがあった。首脳部は、坪井少将が就任を拒否するのではないかと懸念したのだ。

天保一四年（一八四三）、周防に生まれた坪井少将は薩摩出身の伊東中将と同年の五一歳だったが、まだ少将だった。そういうわけでもあるまいが、ふだんから二人は折り合いが悪かった。周囲はそれで心配したのだが、山本大佐は、「古参少将にして、現在、海軍大学の校長をつとめている坪井さんをおいて、他に人なし」と信じ、断固、彼を推挙した。

そこで、山本大佐は西郷大臣の命で直談判におよんだ。山本は常備艦隊に司令官を設けることになった消息をよく説明し、個人間の経緯はいっさいすてて、〝国家重大の時機〟に身を挺して欲しいと熱心に口説いた。少将は、その真心のこもった率直な勧告に感奮して受命することにしたのだそうだ。この人事が成功だったことは、後日の海戦結果が証明する。

それから、艦隊の作戦機能を強化するため、いま一つの策がとられた。従来は、伊東常備艦隊長官の参謀には、例の『海軍戦術一斑』を訳編して部内をケイモーした島村速雄大尉、たった一人だった。これでは戦争になったとき、昼夜の劇務にとても耐えられないので、本省では増員の手続きをとった。

大佐の参謀長を置き、さらに大尉参謀をもう一人ふやすことにしたのだ。ほかに、各術科の面倒をみる艦隊航海長、艦隊機関長、艦隊軍医長も置かれて、幕僚陣はグンと強力なものになった。戦争が始まれば、伊東司令部は連合艦隊司令部も兼ね、猫の手も借りたいほど忙しくなるので、当然の措置だったろう。新設の坪井司令部にも、大尉参謀二名のポストがつくられた。日清開戦の直前、明治二七年六月一八日のことであった。

「本隊」と「第一遊撃隊」と

さて、強化された司令部のそれぞれは、伊東中将が「松島」を常備艦隊兼連合艦隊旗艦に定めて本隊を指揮した。常備艦隊司令官になった坪井少将は「吉野」に座乗して第一遊撃隊を指揮する。西海艦隊司令長官相浦少将のほうは「葛城」に司令部を置いて第二遊撃隊の采配をふるうことに、まず緒戦の艦隊の区わけがきめられた。

こうして、七月二五日の豊島沖海戦は、第一遊撃隊が敵艦を蹴ちらして幸さきのよいスタートを切ったのだ。巡洋艦「広乙」を擱座炎上させ、砲艦「操江」を捕獲、巡洋艦「済遠」にも損傷をあたえたが、これは逃げてしまった。こちらの損害は、「吉野」と「秋津洲」が軽い手傷を負っただけ。予期以上の勝利に、全海軍の士気はふるいたった。

しかし、まだ敵艦隊の本陣はぜんぜん崩れていない。できるだけ早い時期に黄海の海上権を手中にしなければ、所定の方針にしたがって確実に戦争を遂行していくことができない。ようやく、それも偶然に、といってよい機会をとらえて演じられた決戦が「黄海海戦」だ。明治二七年九月一七日のことである。

この日の清国艦隊は、日本がもっとも恐れていた「定遠」「鎮遠」を主軸とする甲鉄砲塔艦四隻と、ほかに巡洋艦六隻、計一〇隻だった。わが艦隊は、本隊と第一遊撃隊とで戦った。ただし、今回の編制は豊島沖のときとはいくぶん異なっていて、1表のような艦ぶねから成っていた。軍隊区分は作戦ごとに変えられる。むろん、指揮官はかわっていなかったが――。

では、このへんで本隊、第一遊撃隊のなかみを見てみよう。

両隊とも、「千代田」をのぞいて三〇〇〇トン以上の比較的大きな中型艦がそろっているのは、初めと同じだ。だが、本隊には「比叡」「扶桑」という、古くてしかも低速の艦が混ざっていた。なぜだろう？

伊東中将は戦法の大すじとして、戦闘開始早々、機敏に、第一遊撃隊の速射砲で敵艦隊を荒ごなしする。そして、相手がひるんだところにつけこみ、本隊の三景艦がもつ三二センチの大口径砲と、速射砲の連射で止めをさそうというねらいをもっていた。だから、いささか骨董的な「比叡」「扶桑」の二艦は、損傷して動けなくなったような、残敵の掃討が目的ではなかったろうか。また、旧式艦とはいえ、二四センチ、一七センチのかなり大きい砲を搭載していたので、主戦部隊が苦戦に陥ったときには、手助けさせる目的も持っていたかもしれない。

それから、本隊には、これまた小型・劣速の砲艦「赤

1表　黄海海戦時の「本隊」「第1遊撃隊」

	艦名	トン数	速力（ノット）	最大備砲（センチ）	竣工
本隊	松島	4278	16	32	M.25
	千代田	2450	19	12	M.24
	厳島	4278	16	32	M.25
	橋立	4278	16	32	M.27
	比叡	3284	12.2	17	M.11
	扶桑	3777	12.9	24	M.11
第1遊撃隊	吉野	4200	23	15	M.26
	高千穂	3708	18.7	26	M.19
	秋津洲	3150	19	15	M.27
	浪速	3708	18.7	26	M.19

城」と、仮装巡洋艦「西京丸」が付随していた。「赤城」は喫水が浅い。だからそれを利用して、沿岸や島かげを偵察したり敵艦隊を探し出すのに連れて歩いていたのだ。戦闘目的の艦ではない。「西京丸」はといえば、樺山資紀軍令部長が三人の随行士官を帯同して、観戦だか督戦のために乗船、わざわざ艦隊にくっついてきていたのだ。足手まといになりかねないだろうに、思えばのんきな時代ではあった。

なお、ついでだがこの当時は、現在われわれが「あの軍艦は〈航空母艦〉だ」「このフネは〈掃海艇〉だ」とよぶような艦種名は、まだ正式には海軍に定められていなかった。といっても、全然なかったわけではなく、明治一六年に巡洋艦ということばができ、そのあと砲艦とか報知艦（のちに通報艦）、海防艦などの呼称があらわれてきた。明治一四年に、最初の水雷艇が横須賀造船所で竣工したが、これは初めから水雷艇とよんだようだ。

そういうわけで、「松島」やほかの三景艦は、一応、海防艦に種別されていたようだし、「吉野」「浪速」などは巡洋艦に入れられていた。戦艦以下の、こういった艦種を確定する「軍艦及水雷艇類別等級標準」が制定されたのは、日清戦役後、明治三一年三月のことだった。そして、もっと昔、維新からしばらくは、スループとかスクーネル、コルベットなぞと、原語くずれのカタカナ語で表わしていたのだそうだ。

単縦陣か、横陣か

晴れあがった九月一七日のその日、日本艦隊が敵を見つけ、清国艦隊と確認したのは正午すこし前だった。場所は遼東半島のつけ根に近い海洋島の沖、東北東。第一遊撃隊は単縦陣で航進しており、報せで本隊もすぐさま、〝三艦群隊〟をあたまに置いた隊形から、単艦単位の単縦陣を制形し、第一遊撃隊のあとにつづいた。各隊の先頭は、坪井少将の「吉野」、伊東中将の「松島」だ。

32センチ砲を装備する三景艦の3番艦「橋立」

ところで、この「松島」は奇妙キテレツな軍艦だ。姉妹艦の「橋立」「厳島」は、三二センチ砲一門を艦の前部に搭載しているのに、この艦だけが後部に置かれていた。三艦群陣を組んだ場合、死角をなくすための配慮といわれているが、そうではなく、「厳島」「橋立」が荒天のさい、艦首に波をかぶりやすい欠点があると推測され、急遽、設計を変更して後部に置き換えたのだ、との説もある。とすると、本隊の先頭に、当然あるべき看板の大砲がない、ヘンな軍艦が旗艦になって波をけたてることになったのもうなずける。

丁如昌提督のひきいる敵北洋艦隊は、「定遠」「鎮遠」が中央に位置する〈型の後翼単梯陣をつくり、えんえんと一本棒につらなる日本艦隊の横ッ腹を突くような態勢で進撃してきた。

当時、先進海軍国イギリスでも、艦隊戦闘に、単縦陣が好適かあるいは梯陣もふくめて横陣がよいか、論争の的であったようだ。だが、どちらかといえば、機走艦隊にあっては単縦陣のほうが新式と考えられていた。

清国の「定遠」「鎮遠」の主砲配置は、前方に強力な砲火が向けられるように構成されており、また、衝角戦法をとるのにも都合がよいと考えて、凸梯陣形で攻撃してきたのだろう。しかし、この難しい陣形での戦闘を成功させるには、艦隊指揮官の指揮運用が適切・機敏であり、それに応ずる各艦の練度も高くなければならないという、条件が満たされる必要があった。が、不幸にして、清国海軍はこれらの条件に適合していなかった。

一方のわが海軍は、まだまだ、艦隊乗員の練度が十分でないのをよく心得ていた。どんな状態であったか、第一遊撃隊坪井少将の参謀だった釜屋忠道大尉（のち中将）が、こんな回想をしている。

「当時、佐世保に集合した軍艦は幾十隻という数でありましたが、悲しい事には当時は信号の何たるかを知らない——と言っては少し過言でありますが、まったく艦隊運動について熟練した将校が極めて少なくて、信号しても艦隊の整備はまことに遅々たるもので、今日から考えますとほとんどなっておらないのであります。艦隊司令長官は非常に心配されまして、この不熟練なる艦隊では、正々堂々と一挙一動、信号の下に行動することは困難であるという考えから、毎日暇あるごとに佐世保港外に出動して艦隊運動を行ない、そのできない日は各艦より小蒸気を集めて艦隊運動を行ない、その欠点を補うことに努力されたのであります。ところがここに一つ緊要な問題がある。それは、今日でこそ何でもない事でありますが、あるいは単横陣がよいとか、あるいは群隊陣形がいいとか、あるいは小隊縦陣とか、あるいは単縦陣がよいとか、いろいろの説がありました。が、甲乙両隊に分けて対抗運動を行ない、戦争の真似をやってみた結果は、巧みな事をやった艦隊はいつでも負け、それに反して何でも彼でも単縦陣で、『先頭艦の後につづけ』で、ぐるぐる回って、信号なしでも行動する陣形が勝ちを制することが確実にわかったので、今度の戦争は単縦陣ということに決せられたのであります」

というわけで、わが方が単純な戦法をとったことについては、本当のところ、日本海軍には複雑な艦隊運動をこなすウデも自信もなかったからにすぎないのだ。そして、清国海軍にも梯陣をこなすそんな腕(アーム)はなかった。なのに、かれらはそれを自覚していなかったようだ。みごとにわれらの「指揮官先頭、単縦陣」戦法は成功をおさめた。とりわけ、坪井部隊の運動はすばらしく、山本権兵衛大佐のメガネに狂いはなかった。

だが、そんな単縦陣戦法も、成功するためには、いくつかの条件によってささえられていたのである——。

ならば、わが艦隊勝利をささえた条件とは——。

まず、部隊能力の均質化をはかった「本隊」と「第一遊撃隊」を編成したことがあげられる。

本隊は砲力に主眼をおき、あまり役には立たなかったが三二センチ砲を備えた三景艦を主力に据えた。そして、先陣を承る第一遊撃隊は速力に重点をおいて整頓した。いちばん遅い艦でも一八ノットは出せる、当時としては高速艦をそろえて隊をこしらえたのだ。

第一遊撃隊の旗艦「吉野」は最高二三ノットまで発揮できたが、海戦中、隊は一〇〜一五ノットの余裕のある編隊速力を、戦況に応じて使いわけて戦っている。これにたいして、清国艦隊の速力は七ノットていどにすぎなかった。わが方のほぼ二分の一だ。

この速力差は大きかった。黄海海戦は〝脚の早さで勝った〟といっても、あながち的はずれではない勝利条件のひとつである。坪井遊撃隊は単縦陣のまま、弓なりの陣形になった敵艦隊の前面を通過し、その右翼にいた「超勇」「揚威」に撃ってかかった。小さな両艦はたちまちにして火災を起こし、「超勇」は沈没する。敵陣に乱れをつくるきっかけとなった。

それればかりでなく、劣速しかも艦型がバラバラのままの編制だった清国艦隊は、最初から統一した指揮、戦闘は行なわれていなかったのだ。

しかし、均勢艦隊といっても、それほど威張れたものではなかった。第一遊撃隊はいいとして、本隊には一二ノットの低速艦が二隻も混じり、一六ノット以上の主力の足を引っぱったからだ。海戦中、「比叡」「扶桑」は劣速のゆえに苦戦し、そのゆえに艦隊全体をなやませた。極力、〝同一速力のフネ〟で部隊をつくる、これは、のちに戦隊や駆逐隊などを編成するさいの貴重な戦訓になった。

清国艦隊に倍する優速で走りまわったわが艦隊の腕力になったのは、一五センチ、一二センチの速射砲だ。一弾あたりの爆発力は、なるほど三〇センチ砲弾よりはるかに小さかったが、発射速度は、一五センチ砲が毎分約四発、一二センチ砲はおよそ八発と格段に速かった。だから、敵艦の厚い装甲をブチ抜くことこそできなかったが、多数の命中弾によって艦上艦内に火災を発生させ、戦闘力を抹殺できたのだ。これも勝利への条件となる。

だが、厚いところは一四インチもの甲鉄(ヨロイ)を着た「定遠」「鎮遠」を撃沈できなかったことは、わが海軍にとって痛烈な悔恨となった。「巨砲」の必要性をあらためて認識させられたのである。三景艦は三二センチ砲一門をそれぞれ積んでいたが、四〇〇〇トンの体には重すぎ、砲を旋回すると回した舷に船体が傾き、発砲すれば反動で艦首が振れまわる始末だったという。この事実は、巨砲にはそれにふさわしい「大艦」の大切さも教えてくれた。

威海衛で捕獲された「鎮遠」

こうして日本海軍は、日清戦争で大艦巨砲の必要性を身にしみてさとり、そんな主力艦隊とあわせて、軽快・優速の遊撃的性格艦隊の重要性も認識しなおしたのだった。

六・六艦隊で露国を撃て

戦いが終わって明治二八年四月一七日、講和条約調印、五月一七日に連合艦隊が解散された。そして、その年の末ちかい一一月一五日には西海艦隊も解かれて、海軍は平時状態にもどった。

翌二九年三月三一日の常備艦隊を見てみると、「橋立」「厳島」のほか一〇隻の軍艦から成り立っていた。このなかには、戦利艦の「操江」も混じっている。司令長官は豊島沖海戦、黄海海戦の殊勲者・坪井航三が中将に進級して任じられていた。

東洋の大国「清」に勝ったあとだからであろうか、隻数は戦前の倍に増えていた。艦隊のすがたは一見、平和そのものに見えたが、じつは、日本海軍は早くもつぎの〝戦争〟をはじめていたのである。

講和直後の明治二八年四月二三日、ロシア、ドイツ、フランスの三国が遼東半島を清国に返還するよう、強引な勧告をつきつけてきた。いわゆる「三国干渉」だ。当時の伊藤博文首相のいう「軍艦と大砲に相談」した結果、日本は涙をのんで「万事はわが実力を養ってからのこと」と勧告を受けいれた。「臥薪嘗胆一〇年」の開始であった。

その後の列国の、清国への蚕食は露骨であり、とりわけロシアの満州進出、南下政策の激しさは、日本にとっていちじるしい脅威とうつった。開国いらいロシアが主要想定敵国だったが、明治一五年ごろから一時それが清国にうつっていた。だが、ここでふたたび露国を第一想定敵国にせざるを得なくなった。

明治二九年のそのころ、ロシアは百数十隻の艦艇、約四〇万トンを保有していた。対するわが海軍は、清国からの分捕り艦を入れても四一隻、約七万八〇〇〇トンしかなかった。これではとても立ちうちできない。日本海軍の対露〝建艦戦争〟が始まったのである。

明治二八年三月から軍務局長になっていた山本権兵衛少将が、対ロシア戦略の一つとして描き、強力に推し進めたのが「六・六艦隊」計画だった。日清戦争のとき、艦隊を本隊といくつかの遊撃隊とに区分して効果をあげた。その戦訓を生かし、こんどは一時的な軍隊区分ではなく、永続性のある固定的な制度で、艦種、性能のそろった均質艦隊をつくろうというのだ。

その一方が〝戦艦艦隊〟すなわち本隊の後身であり、もう一方が〝装甲巡洋艦艦隊〟すなわち第一遊撃隊の後身だ。それぞれ六隻の編制。山本軍務局長は、装甲巡洋艦艦隊のほうは六隻隊を二隊つくりたかったらしいが、財布の都合上、一隊で我慢したのだった。

だが、〝容れ物〟ばかりつくっても、〝なかみ〟が優れていなければ強い戦力は期待できない。

当時、最強力の武器は大砲だったが、その操作方法を規定した「海軍操砲程式」という教科書がはじめて編まれたのは明治一五年だ。その後、砲熕兵器の進歩にしたがって数回改訂があり、日露戦争開戦前の三六年には「海軍艦砲操式」へと発展する。程式にせよ操式にせよ、それは主に各種大砲の「撃ち方」の手順・方式をきめたものだったので、「弾丸を命中させる稽古のやり方」のほうは、べつに規則を定めて実施した。明治一九年制定の「常備艦艦砲射撃概則」がそれだ。五〇条ばかりの規定を設けた。日本海軍は貧乏だ。一定の予算のなかで、全速力で軍艦を走らせ、実弾を撃ち、しかも、周囲にも自艦にも危害をおよぼさないよう安全に、かつ訓練効果をあげようというわけだった。

このじぶんは、各砲ごとにバラバラに撃つ「独立射撃」がふつうだった。あらたに訓練方法を「教練射撃」と「戦闘射撃」の二種に分けたが、この二種類は、以後、昭和海軍の敗戦までつづけられる重要な訓練手段になった。

迅速で正確な照準と発射を砲員に会得させ、一刻もはやく命中弾を出すように習熟させるのが教練射撃。その成果を基盤に、もっと実戦に近いやり方で、確実な射撃に熟達させようというのが戦闘射撃だった。だから後年になると戦闘射撃のときは、砲術科だけでなく他科の水兵員も機関科も、また医務科も主計科も全艦あげて戦闘配置につく。なかでも当の砲術科は、ただ弾丸が当たりさえすればよいというのではなく、操砲、弾薬の供給などすべてを〝合戦(かっせん)〟状態に置いて、厳格に実弾射撃訓練を行なったのだ。合戦——ずいぶん古くさい言いまわしだが、この言葉も昭和二〇年八月の敗戦まで残った。

日清戦争まではこの「概則」にしたがって砲戦訓練をした。教練射撃は通常一〇〇〇メートル以内、戦闘射撃は一〇〇〇〜二〇〇〇メートルで実施されていた。このころまでは、敵艦との距離をはかるのに目測が非常に重要視されていたが、射距離が短かったし、手ットり早かったからだ。

戦後、戦訓はその改正をうながす。「概則」は明治二九年、「軍艦射撃規則」に改められ、さらに三五年には「砲熕射撃規則」の新定へと発展した。この時代になると、教練射撃でも一五〇〇〜二〇〇〇メートル、戦闘射撃では距離を制限しないまでに伸びた。

では、実戦ではどうだったか？　黄海海戦での第一遊撃隊は、「揚威」「超勇」との距離約一六〇〇メートルで射撃を開始した。酣戦期の本隊は約三〇〇〇〜四〇〇〇で猛砲撃をくわえたのだが、戦場では、やはりどうしても遠くから撃つようになるものらしい。

〝分撃〟戦略と戦時編制

山本権兵衛構想の六・六艦隊計画は着々と進捗していった。「富士」「八島」各一万二〇〇〇トンの戦艦は、すでに日清戦争まえから起工されており、つづく戦後起工の「敷島」「朝日」「初瀬」も竣工し、「三笠」の明治三五年三月の完成で、戦艦部隊はすべてできあがった。「八雲」をはじめとする装甲巡洋艦も、最後の「磐手」が三四年三月に竣工して、予定の六・六艦隊は落成した。

「富士」以下六隻の艦種は、一等戦艦だ。おのおの一二インチ砲四門を積み、速力は一八ノットだった。いっぽうの装甲巡洋艦の正式艦種名は一等巡洋艦。各一万トンにすこしかける排水量で、八インチ砲四門ずつを搭載し、二〇ないし二二ノットの速力を出すことができた。

しかし、ピカピカの六・六艦隊が完成したからといって、これで、ロシア艦隊を撃滅するのに十分な戦力がととのえられたわけではない。

明治三五年四月一日現在の常備艦隊編制は、2表のようになっていた。総計五一隻。「三笠」が入っていないが、まだ英国から到着していなかったからだ。やがて新着の「三笠」そのほかの増勢で、日露戦争開戦時には、軍艦五七隻、駆逐艦一九隻、水雷艇七六隻、合計二六万五〇〇〇トンもの艦隊になっていた（「三笠」の艦隊編入は七月二一日）。

2表　明治35年の常備艦隊

	艦艇名				
軍艦	富士	八島	敷島	朝日	初瀬
	常磐	吾妻	浅間	八雲	出雲
	磐手	吉野	高砂	高雄	龍田
	笠置	八重山	千代田	明石	須磨
	千早	千歳	宮古	赤城	
駆逐艦	雷	電	曙	漣	朧
	東雲	叢雲	夕霧	不知火	陽炎
	薄雲				
水雷艇	39号	40号	41号	42号	43号
	隼	白鷹	鵠	真鶴	千鳥
	44号	47号	48号	49号	60号
	61号				

だが、これに対するロシア海軍は、太平洋艦隊だけで一等戦艦七隻、一等巡洋艦四隻など七二隻、計一九万三〇〇〇トンを備えていた。ほかに、戦艦一一隻をふくむバルト海、黒海方面にいる艦隊が約四〇万トン、六〇隻くらいあった。もしこれが、タバになってかかってきたら、わが六・六艦隊がどんなに頑張っても勝ち目はない。二倍以上である。

にもかかわらず、ロシア艦隊を撃滅しなければならないとしたら、はて、どうしたらよいのだろう。

戦闘の基礎になる、艦隊各艦の艦砲射撃をはじめとするもろもろの術科実力を最高度に錬磨する。知恵をしぼって優れた戦略と戦術を編み出す。そして、それを下敷きにし、磨いた戦闘技量の粋を発揮して、敵艦隊を叩きつぶすしかあるまい。考えられた戦略が〝分撃〟方策、つまり、本国方面から増援艦隊が到着しない前に、旅順とウラジオストックにいる艦隊を個々に撃破してしまおうという作戦だった。しかし、それも、味方艦隊をできるだけ損傷しないようにやっつけようというのだから難しい。傷が深いと、強力な来航艦隊を迎え撃つとき勝てなくなるからだ。

ところで、わが海軍では、日清戦争後に大演習を二回実施している。一回目は明治三三年の春、ひと月ばかりの日数をかけておこない、二回目は、三六年のやはり春、実行された。この二回目の大演習は日露戦争前年のことであり、もう完全に〝日露あいたたかわば〟を念頭において実施された。

例の島村速雄サンは、大尉で海軍参謀部在職中の明治二四年ごろから艦隊の編制を平時と戦時とに分けて考え、また、いざというときの出師準備も考慮しておく必要があると唱えていた。

開戦のさいはただちに有力な艦隊を一地点に集合させ得、いっぽう弱小艦は警備艦として所要の港湾に配備できる編制を、平時からきめておく。仮装巡洋艦や運送船の徴発、兵員の充実、軍需品の準備をどうするか、そういうことも定めておこうという提案なのだ。

そんな戦時編制プランが、いつごろからつくられるようになったか、筆者にはまだよく分かっていないのだが、この大演習では「明治三六年度戦時編制」にもとづいて、艦隊が編成されたのだといわれている。たぶん、これが初めての試みではなかったろうか。常備艦隊を臨時に第一艦隊と第二艦隊に区分し、そのほか、各鎮守府からも旧式艦を狩り出して演習艦隊を編成したのだ。

第一艦隊司令長官には横須賀鎮守府司令長官井上良馨大将が命じられ、第二艦隊司令長官には常備艦隊司令長官の日高壮之丞中将があてられた。

三月一〇日から二八日までを第一期として前段的な準備と基本的な操練、演習、三一日から四月三日までを第二期として、ハイライト「艦隊対抗演習」が行なわれた。このとき、〝分撃〟戦略にもとづく構想で、対抗戦が展開されたのであった。

東軍対西軍の大演習

防衛庁防衛研究所戦史部に当時の資料がのこされているのだが、それによると大演習のハイライト、第二期の艦隊対抗はあらましつぎのように演じられたようだ。

艦船群を二つに分けて東軍、西軍をつくり、東軍を味方、西軍を敵方とした。いま書いたように、まず常備艦隊を臨時に第一艦隊と第二艦隊とに区分し、それをまた集合して指揮するために連合艦隊をこしらえた。そして、この連合艦隊を東軍にしたのだ。

対する西軍は、常備艦隊いがいの旧式艦をかき集めて編成した。3表にご覧のように、日清戦争に活躍した老雄たちがほとんどで、戦利艦の「鎮遠」や「済遠」「平遠」もはいっている。

艦隊に、第一、第二といった〝ナンバー〟をつけるのはこれが初めての試みだったが、さらになかみを「群」に細分した。大小、五四隻。一〇年前の日清役のときにくらべると日本海軍も大きく生長したものだ。いうまでもなく、第一艦隊に属する第一群は戦艦部隊、第二艦隊の第四群は装甲巡洋艦部隊、いずれもわが海軍のホープである。

3表〔明治36年度大演習の艦隊〕

<table>
<tr><th colspan="2">艦隊</th><th>群</th><th>艦艇名</th></tr>
<tr><td rowspan="6">東軍連合艦隊</td><td rowspan="4">第1艦隊</td><td>1群</td><td>敷島　富士　朝日　初瀬　八島　三笠</td></tr>
<tr><td>2群</td><td>千歳　笠置　高砂　吉野</td></tr>
<tr><td>3群</td><td>浪速　高千穂　明石　須磨　秋津洲　千早　宮古</td></tr>
<tr><td></td><td>〈第2駆逐隊〉叢雲　陽炎　不知火
〈第3駆逐隊〉薄雲　暁　霞
〈第4駆逐隊〉白雲　朝潮　漣
〈第2艇隊〉39号　42号　41号　40号　43号
〈第3艇隊〉追テ之ヲ定ム</td></tr>
<tr><td rowspan="2">第2艦隊</td><td>4群</td><td>磐手　常磐　出雲　八雲　浅間　吾妻</td></tr>
<tr><td></td><td>〈第1駆逐隊〉電　曙　雷　朧
〈第1艇隊〉千鳥　鵠　隼　真鶴　白鷹</td></tr>
<tr><td rowspan="2">西軍</td><td>本隊</td><td>6群</td><td>平遠　高雄　筑紫　済遠</td></tr>
<tr><td>支隊</td><td>5群</td><td>扶桑　和泉　千代田　鎮遠</td></tr>
</table>

第一艦隊司令長官兼東軍連合艦隊司令長官には、当時の現役大将二人のうちの一人、井上良馨提督が臨時に命じられた。ふつうわれわれが考えると、戦争をひかえたこのとき、げんに常備艦隊長官である日高壮之丞中将を第一艦隊兼連合艦隊長官にしたら、よさそうに思う。だが、第二艦隊のほうにまわされた。しかも彼は、開戦直前の明治三六年一〇月に常備艦隊司令長官をおろされてしまうのだ。かんぐれば、山本権兵衛大臣の胸のうちには、この大演習のときすでに、日高中将を交代させる意図があったのかもしれない。

対抗演習開始の三六年三月三一日、アモイ沖を北上してきた西軍主力すなわち敵主隊は東シナ海北部に到達し、西軍支隊のほうは日本海北部に在り、と想定された。西軍の主力ははるばる来航したバルチック艦隊であり、支隊とは、ロシア太平洋艦隊の一部、いわゆるウラジオ艦隊を仮想した部隊であったろう。

西軍艦隊は主力、支隊がぶじ合同をとげ、まず韓国の南岸に適当な土地を占領し、ここに根拠地を置く目的をもっていると、これも想定事項としてあたえられた。だが、敵にそうやすやすと目的をとげさせてしまってはまずいのだ。佐世保軍港に集合して、ぬかりなく出戦の準備をととのえた東軍艦隊は、「西軍ノ全力未ダ合同セザルニ先チ個々ニ之ヲ撃破」するため、勇躍出動する。まさに〝分撃〟戦略の予行だ。

緒戦、東軍連合艦隊は鬱陵島、隠岐島ちかくまで捜索艦をだして、支隊の捕捉撃滅戦が実演された。敵に当たるのは主として第四群と第二群で、この対支隊戦闘には、戦艦部隊を合同させる作戦は強いてとらなかった。実際上も、ウラジオストックにはロシア巡洋艦部隊しかいなかったからだろう。

そして、井上東軍司令長官は、「一タビ敵支隊ヲ撃破セバ連合艦隊ハ少ナクトモ対等ノ勢力ヲ以テ其本隊ニ当ルヲ得ベシ」と考えた。主兵・第一群が無キズで残ったあとは、「常ニ我ガ艦隊ヲ集団シ敵ガ速ニ海峡ヲ退避スルノ形跡ナキ限リハ優勢ナル我駆逐隊、艇隊（筆者注・水雷艇隊）ヲ放ツテ漸次其勢力ヲ殺ギ然ル後全艦隊ヲ挙ゲテ之ガ総攻撃ニ移」ろうとする作戦方針をとったのであった。

いよいよ敵との合戦に入ったとき、東軍は、「大体ニ於テ円戦（えんせん）ヲ期ス」という戦法によることにした。〝円戦〟とはあまり聞きなれない。それは、敵と味方がまずたがいに単縦陣で正面からぶつかったとする。五〇〇〇メートルほどの距離になったら、味方はいきなり右か左に転舵、敵の縦列にたいし円を描くように縦陣航進をして、攻撃をくわえようという戦法なのだ。

この戦術は、日本海軍戦術研究の始祖といわれる山屋他人中佐（のち大将）が、海大教官時代に案出したものだ。その当の山屋中佐が、この大演習では第一艦隊の先任参謀になっていたのだから、独自の戦法を実演してみたいと考えたのも当然だろう。

いっぽう、西軍支隊の参謀が、のちにあまりにも有名になるアメリカ帰りの秋山真之少佐だ。彼は山屋の五年後輩。だから、見方によれば、この大演習は〈俊英・山屋 vs 新鋭・秋山〉の腕くらべだったともいえた。

旅順港内で出撃待機するロシア太平洋艦隊

ナンバー艦隊の誕生

明治三七年、日露両国はついに激突する。二月一〇日に宣戦が布告された。だが、それに先だつ二月六日にわが国から国交断絶の通告をし、九日には、旅順、仁川でロシア艦隊に先制奇襲攻撃をくわえていた。

ならば、わが日本艦隊はどんな態勢で立ちあがったのか。

日清戦争後も常備艦隊は、多数の艦艇をこれといった区分もなくほうり込む、旧来の方式にもどっていた。が、開戦寸前の三六年一二月二八日、艦隊編制方式に大変革をくわえた。常備艦隊を解隊し、春の大演習で試行した〝ナンバー艦隊〟方式を採用して、「第一艦隊」と「第二艦隊」「第三艦隊」を編成、これらを建制の艦隊としたのである。

第一艦隊司令長官には、後年、救国の英雄とたたえられるご存知、東郷平八郎中将が常備艦隊長官からひきつづいて任命された。

ところで、さきほど日高壮之丞中将が、開戦を目の前にして常備艦隊長官をやめさせられたと書いた。東郷サンにかえられたのだが、これには少々いきさつがある。

日高サンは山本権兵衛海相と同じ薩摩の出身、四歳年上だったが、二人はバクギャクの友といえるきわめて親しい間柄だった。そんな相許した友達を肝心な時機になって更迭したのは、山本が彼の人物を心底まで知り抜いていたからであった。日高は、頭が良く勇気もあるが直情径行、いざ戦争になったとき、自分了見をたてて中央の指令にしたがわぬ危険がたぶんにある、と山本は見ていたのだ。

それに反し、「東郷にはそういう心配がすこしもない。かれは大本営の命令を遵奉して作戦すると同時に、臨機応変の行動もできる男だ……」と、山本は率直に、熱誠こめて円満退任を日高に説いた。日高は、海軍軍人として千載一遇の好機を目前にしていたが、私情を押しころして山本の言葉にしたがったのだ、と伝えられている。

そして、一艦隊と二艦隊とで連合艦隊が編成されたので、東郷サンがGF（連合艦隊の略符号）の長官も兼ねることになった。こういうように連合艦隊がつくられるさい、第一艦隊長官がそちらの長官も兼務する方式は昭和の御代までつづく。

さて、東郷司令長官を補佐する第一艦隊兼連合艦隊参謀長には、この〝物語〟にもすでに何回か名前の出た島村速雄大佐が任じられた。その下に参謀が三名、副官が一名、ほかに機関大監（のちの機関大佐）一人が艦隊機関長として長官をたすけることになった。日清戦争のときの艦隊参謀は二人だったが、一人増やされたのも、部隊が大きくなり仕事が忙しくなったしるしだろう。三名のうちの一人、中任参謀が例の秋山真之少佐だ。

しかしそれにしても、太平洋戦争中の十数人の幕僚をかかえるGFの大陣容司令部とくらべると、ずいぶん世帯が小さかったものだ。

日高壮之丞中将

それから、艦隊組織のいま一つの改編として、艦隊のなかを区分して「戦隊」という部隊をこしらえた。4表は開戦時の日本艦隊編制表なのだが、三六年大演習時の〝群〟がそのまま戦隊になっているのがわかる。第一群が第一戦隊と名前をかえ、第四群は第二戦隊の表札をかかげた。ご覧のように第一艦隊は戦艦戦隊を中核にし、第二艦隊は装甲巡洋艦戦隊を屋台骨として組み上げられた。両者を合わせれば、山本海相念願の六・六艦

4表 〔日露戦争開戦時の艦隊〕

艦隊		戦隊	艦艇名
連合艦隊	第1艦隊	1戦隊	三笠　朝日　富士　八島　敷島　初瀬
		3戦隊	千歳　高砂　笠置　吉野
			〈通報艦〉龍田 〈第1駆逐隊〉白雲　朝潮　霞　暁 〈第2駆逐隊〉雷　朧　電　曙 〈第3駆逐隊〉薄雲　東雲　漣 〈第1艇隊〉69号　67号　68号　70号 〈第14艇隊〉千鳥　隼　真鶴　鵲
	第2艦隊	2戦隊	出雲　吾妻　浅間　八雲　常磐　磐手
		4戦隊	浪速　明石　高千穂　新高
			〈通報艦〉千早 〈第4駆逐隊〉速鳥　春雨　村雨　朝霧 〈第5駆逐隊〉陽炎　叢雲　夕霧　不知火 〈第9艇隊〉蒼鷹　鴿　雁　燕 〈第20艇隊〉62号　63号　64号　65号
		GF付属特務艦船	17隻（艦船名省略）
第3艦隊		5戦隊	厳島　鎮遠　橋立　松島
		6戦隊	和泉　須磨　秋津洲　千代田
		7戦隊	扶桑　平遠　海門　磐城　鳥海　愛宕 済遠　筑紫　摩耶　宇治
			〈通報艦〉宮古 〈第10艇隊〉43号　42号　41号　40号 〈第11艇隊〉73号　72号　74号　75号 〈第16艇隊〉白鷹　71号　39号　36号
		付属特務艦船	2隻（艦船名省略）

隊による“機動攻勢艦隊”が編成できるという寸法であった。

第五群、第六群で働いたような古い軍艦は、おもに第三艦隊へ編入された。いかに意気軒Xでも、寄る年波には勝てない。「ご老体は、まあ第二線で……」と、この艦隊は対馬海峡防衛の役目をあたえられる。かつ、こういった艦隊の任務や性能のちがいからか、三艦隊は連合艦隊には入れられず、独立艦隊として行動した。

分撃作戦まず成功

分撃戦略の第一着は、旅順とウラジオストックにいるロシア太平洋艦隊を個々に撃滅することにある。旅順艦隊の行動はきわめて消極的だったので、それならばと封じこめがはかられた。有名な〝軍神広瀬中佐〟が誕生する〝閉塞戦〟だ。明治三七年二月から五月にかけて、のべ三八八名の決死の勇士を募って三次におよぶ閉塞隊が出動したが、結果ははかばかしくなかった。

そんなあとの八月一〇日早朝、ウィトゲフト少将のひきいる敵艦隊が旅順を出港してきた。「すみやかにウラジオストックへ向かい、合同せよ」との、皇帝の命をうけたからだ。

それを知った東郷長官の直率する第一戦隊が、ただちに出撃する。午後一時ごろから合戦が始まり、八時まで昼間の砲撃戦が展開されたのだが、これはなんとも歯ぎれのわるい戦に終始した。その一因は、敵はウラジオへ一路向かう意志をもっていたのに、こちらではその意図を見通せなかったからでもあった。

敵の主隊は「ツェザレウィッチ」以下の戦艦六隻、巡洋艦三隻からなる単縦陣、わが方も単縦陣。北側から接近した東郷サンは一斉回頭で横陣に、また一斉回頭で逆番号単縦陣になり、丁字態勢で圧迫、敵を追い遠距離だったが砲撃した。

一目散に南東へはしるウィトゲフト艦隊をさらに増速して追いかけ、午後五時半になってふたたび砲戦を開始した。距離は約七〇〇〇メートル。一時間ほど撃ちあっていたところ、わが幸運な主砲の一弾が「ツェザレウィッチ」の司令塔に命中した。ウィトゲフト少将以下幕僚は全員戦死。しかも舵故障を起こしたらしく急に右へ旋回をはじめ、あろうことか、自分の麾下隊列へ突入してしまったのだ。

敵艦隊は四分五裂の大混乱におちいって、いま来た西へ遁走する。だが、すでに日が暮れたので、これで昼戦は打ち切られた。結局、こちらにもたいしたケガはなかったかわり、一隻の敵艦も撃沈できず、とり逃がしてしまった。しかし手傷は負わせてある。あとを駆逐隊、水雷艇隊の夜襲にゆずったのだが、そのかれらも何のめぼしい戦果もあげられず、「黄海海戦」は幕を閉じたのだった。期待した夜襲戦の不出来には、東郷長官も相当におカンムリだったらしい。後日、駆逐隊、水雷艇隊幹部陣の大改造となってあらわれるのだ。

ところが、日本海軍が旅順艦隊に目を向けている一方で、ウラジオ艦隊が開戦早々から蠢動しはじめていた。さきほど書いたように、日本と戦地との間の海上交通の要路、対馬海峡周辺の防衛には片岡七郎中将の第三艦隊があたっていた。「厳島」以下二等巡洋艦四隻の第五戦隊、「和泉」以下三等巡洋艦四隻の第六戦隊、海防艦やら小さな砲艦をまぜた「扶桑」ほか九隻の第七戦隊が中心だ。

対するウラジオストックには「ロシア」など三隻の一万二〇〇〇トン級一等巡洋艦と二等巡洋艦一隻がおり、ほかに水雷艇も一八隻いた。こういうかなりの強力艦隊が日本近海を暴れまわって、船舶を沈めたり陸上に砲撃でも加えたりするとケッコーうるさい。事実、被害がではじめていた。なんとかしなければならなかったが、これを抑えるには有力な艦隊が必要だった。

そこで、わが海軍は三七年三月四日、第三艦隊を連合艦隊に編入して遼東半島への陸軍揚陸の支援にまわし、対ウラジオ艦隊作戦には第二艦隊をあてることに改めた。

しかし、「金州丸」や「常陸丸」「佐渡丸」の撃沈など、あいついでウラジオ艦隊による遭難事件が起こり、はては、東京湾沖をおびやかすまでにいたった。なのにそれを叩けない第二艦隊は、国民から「露探艦隊」の悪罵さえうけだした。ロシアのスパイ、手先になっているというのだ。が、ついに、八月一四日の早朝、対馬海峡に近づいたかれらをつかまえた。上村彦之丞第二艦隊長官の直率する第二戦隊四隻は、三時間ほど撃ちあいをする。一等巡洋艦「リューリック」を撃沈し、「ロシア」「グロムボイ」も大きく撃破。この二隻はウラジオへ逃げかえりはしたが、事実上、再起できなかった。

さて、その後の旅順艦隊は旅順口港内に逼塞したまま、二度と出撃してこなかった。だが、陸軍の手によって一二月五日、二〇三高地が占領された。そこから、二〇センチの重砲が港内の艦隊に向かって放たれ、戦艦四隻、巡洋艦五隻をふくむロシア太平洋艦隊を完全に撃滅することができたのであった。

これで、ようやく〝分撃〟作戦の前段はめでたく終了だ。

〝東郷司令部〟改造

明治三八年が明けた。

わが海軍に残されている最大で最終の課題は、来航する〝バルチック艦隊〟を撃滅することだけとなった。すでにかれらは、太平洋第二艦隊を呼称し、ロジェストウェンスキー中将

ロジェストウェンスキー中将

にひきいられて、三七年一〇月一五日、リバウ軍港を抜錨していた。

三八年一月、連合艦隊でも心機を一転してこれらの強敵をむかえ撃つため、GF司令部の陣容に改造が行なわれる。むろん、東郷司令長官に異動はあるはずもないのだが、一F（第一艦隊の略符号）兼GF参謀長が交代した。島村速雄サチ（参謀長）は第二艦隊司令官にうつり、新参謀長には、第二艦隊参謀長の加藤友三郎少将が転補されてきた。

ご両所はともに海兵七期、明治一三年卒業のクラスメートだ。島村サンが一番、加藤友サンが二番の卒業。いずれも兄たり難く弟たりがたい秀才アドミラルである。GF参謀もごいたが、三人中ただ一人、秋山真之中佐（三七年九月に進級）だけは居残り、しかも先任参謀の席にくり上がった。彼の参謀留任は東郷長官が手ばなさなかったからだ、といわれているがホントのようだ。その信任にこたえ、肝脳をしぼりつくして秋山さんは、きたるべき〝日本海海戦〟の作戦計画をたてるのであった。

そしていっぽう、同じ三八年一月に、「艦隊条例」のなかへ、「必要ニ応ジ艦隊ニ潜水艇隊ヲ付属」させるとの追加文が書きこまれた。「えっ、日露戦争中に潜水艇部隊が？」と驚かれるかもしれないが、じつは、これは規定の上だけの空文。

開戦まえの明治三五年、アメリカから帰ってきた井出謙治少佐（のちに大将）が、アチラでホーランド型の潜水艇に乗ってきて、その話を部内に紹介した。またそのころ、英国海軍大学に留学中だった小栗孝三郎中佐（のちに大将）も、ヨーロッパでの潜水艇発達状勢をさかんに知らせてよこし、潜水艇採用の必要性をうったえていた。

そんなとき、日露の開戦となるのだが、三七年五月、「初瀬」「八島」の二戦艦が旅順口封鎖作戦中、敵の機雷にひっかかって爆沈するという大事件がおこった。そこで、その補充策として装甲巡洋艦「筑波」を起工すると同時に、潜水艇も建造することになった。

といっても国内ではできない。米国のエレクトリック・ボート社へ五隻が発注された。「初瀬」ら沈没の翌月、六月のことだ。出来上がった艇体はいったん解体され、ふつうの荷物のように見せかけてロシア・スパイの目をごまかし、シアトルに汽車で送ってから船積みで日本へ向かったのだ。一二月初旬にぶじ横須賀軍港に到着、海軍工廠で組み立てが開始された。

艇の建造や、発送に立ち合った小栗中佐もスパイの目をさけるため、サンフランシスコへもどって米国汽船で帰国した。その船中で、彼は〝潜水艇隊〟の編成に関する案文を書いてきたのだ。帰国した小栗中佐はさっそく潜水艇の艤装員長になる。

だから、最初のわが潜水艇第一隻目が完成したのは明治三八年七月、全五隻が竣工したのは終戦後の一〇月になっていた。ホーランド型の第一〜第五潜水艇で、一〇月一日、小栗中佐が艇隊司令兼艇長に補せられて、日本海軍はじめての潜水隊「第一潜水艇隊」が誕生したのだった。

というわけで、戦争中、わが潜水艇隊の実体はなかったが、ロシア海軍では「日本に潜水艇あり？」と、だいぶおびえていたらしい。

三七年四月一三日、マカロフ提督が旅順艦隊をひきいて出港してきたとき、一〇マイルほど出たところで突如、旗艦「ペトロパウロウスク」が機雷にふれ、アッという間に轟沈してしまった。そして同じく戦艦「ポビエダ」も被雷、大傾斜したが、こちらはかろうじて港内へ逃げ帰ることができた。提督は、かねてから「敵の潜水艇を警戒せよ」と注意していたので、ほかの艦は、「スワ、潜水艇！」とカン違いし、付近の海面を乱射しながら、先をあらそって旅順港内へ遁走したのだそうだ。

無線電信ものを言う

いよいよ明治三八年五月二七日――日露両国の国運をかけた一大決戦の日である。この日、午前四時四五分、成川揆(なるかわはかる)大佐指揮の仮装巡洋艦「信濃丸」が北上してきたバルチック艦隊を発見し、「敵艦見ゆ」の警電を発した。場所は長崎県の五島列島沖合い。

一〇年ばかり前に発明された無線電信を、実戦に使用したのはこの日露戦争が最初だった。

明治三一年ころから、一般船舶に無線機が使われるようになっていたが、海軍でも外波(となみ)内蔵吉(くらきち)中佐（のちに少将）や木村駿吉技師が先達になって研究を開始した。そして三六年に兵器として制式採用になったのが「三六式無線電信機」だ。軍艦装備の場合は、蓄電池を電源にし、六〇〇ワットの出力で送った。火花式の送信。二〇〇カイリまでなんとかとどくが、確実なところは八〇カイリていどだったらしい。受信は印字式だった。

そんな幼稚な時代だったので、艦内に通信科などというものはなく、水雷科に所属し、電信員の養成も水雷術練習所でやっていた。それはともかく、無線兵器の目に見えない威力は大きかった。通信の速達で、鎮海湾にあった「三笠」の東郷司令部は、敵出現の報にあわてることなく、ただちに艦隊を出動させられたのだ。

当日と翌日の、いわゆる日本海海戦の顛末はあまりにもよく知られているので、簡単に記すことにするが、出撃した連合艦隊は5表のような編制になっていた。開戦時とくらべるといくぶん変動があり、ことに主戦・第一戦隊の顔ぶれの三分の一が変わった。

5表　〔日本海海戦時の艦隊〕

艦隊		戦隊	艦艇名
連合艦隊	第1艦隊	1戦隊	三笠　朝日　敷島　富士　春日　日進
		3戦隊	笠置　千歳　音羽　新高
			〈第1駆逐隊〉春雨　吹雪　有明　霰　暁 〈第2駆逐隊〉朧　電　雷　曙 〈第3駆逐隊〉東雲　薄雲　霞　漣 〈第14艇隊〉千鳥　隼　真鶴　鵲
	第2艦隊	2戦隊	出雲　磐手　浅間　常磐　八雲　吾妻
		4戦隊	浪速　高千穂　明石　対馬
			〈第4駆逐隊〉朝霧　村雨　朝潮　白雲 〈第5駆逐隊〉不知火　叢雲　夕霧　陽炎 〈第9艇隊〉蒼鷹　雁　燕　鴿 〈第19艇隊〉鴎　鴻　雉
	第3艦隊	5戦隊	鎮遠　松島　橋立　厳島
		6戦隊	秋津洲　和泉　須磨　千代田
		7戦隊	扶桑　高雄　筑紫　摩耶　鳥海　宇治
			〈第1艇隊〉69号　70号　67号　68号 〈第5艇隊〉福龍　25号　26号　27号 〈第10艇隊〉43号　40号　41号　39号 〈第11艇隊〉73号　72号　74号　75号 〈第15艇隊〉雲雀　鷺　鷂　鶉 〈第16艇隊〉白鷹　66号 〈第17艇隊〉34号　31号　32号　33号 〈第18艇隊〉36号　60号　61号　35号 〈第20艇隊〉65号　62号　64号　63号
	GF付属特務艦船		24隻（艦船名省略）

さきほどもちょっと書いたが、「初瀬」「八島」が敵機雷で思いもかけない沈没をして

しまい、「春日」「日進」の新品・装甲巡洋艦で補充したからだ。この二艦は、イタリアで建造中だったアルゼンチン軍艦を、戦力増強のため、開戦の一と月まえ、急遽買い上げたのだ。旧名「リバダビア」を「春日」に、「モレノ」を「日進」にと、明治三七年一月一日に現地で命名した。

両艦の回航中、ロシアは、事がおこればすぐさま撃沈しようと狙っていた。けれど、同盟国イギリスが陰になりひなたになって援護してくれたので、宣戦布告後の二月一六日、ぶじ横須賀へ到着することができた。それはまったくスリリングで劇的な航海のすえにであった。

もういっぽうの主戦部隊・第二戦隊のなかみには変動なし。

さて東郷艦隊は、懐がたな秋山首席参謀が中心になってひねり出した〝七段がまえの戦法〟をひっさげて立ち上がった。それは、

第一段　五島列島沖での昼戦
第二段　ひきつづいて夜戦　｝前段漸減戦
第三段　対馬海峡での昼戦
第四段　ひきつづいて夜戦　｝中段決戦
第五段　鬱陵島近辺での昼戦
第六段　ひきつづいて夜戦　｝後段決戦
第七段　ウラジオ沖での昼戦｝残敵掃滅

それでもなお討ちもらした敵は、ウラジオ港外にひそかに敷設しておいた七〇〇コの機雷

原へ追いこんで沈めてしまおうという、まことに入念、精細に組みあげられた戦闘計画だった。

名誉を挽回した水雷部隊

しかし、ものごとにはなかなか予定どおりに進行しないことが間々ある。じっさいには、二七日の明け方、五島沖で敵を発見したため、第三段の昼間砲戦から戦は始まった。北東進してくるバルチック艦隊を、その前方で西進していたわが艦隊が、敵前大回頭を行なって同航戦にもちこんでいったのだ。午後二時五分、東郷司令長官座乗の旗艦「三笠」が八〇〇〇メートルの距離で、左一五〇度の回頭を実施した。つづく一戦隊、二戦隊は優速を利して前に出るようにと、敵艦隊先頭を斜めに圧迫しながら、右舷側砲撃戦をくりひろげていった。これが有名な「丁字戦法」だ。

また、ほぼ同じころ、脇役の巡洋艦戦隊も決戦に馳せ参じていた。出羽重遠少将の第三戦隊、瓜生外吉少将の第四戦隊は敵艦隊の左側から南下、うしろをまわって右側へ出るような行動をとった。頭を押さえられた敵が向きをかえて逃げようとした場合、その退路を断ち、かつ後方にいる敵弱小部隊を叩くのが目的であった。

武富邦鼎(くにかね)少将が指揮する第五戦隊と東郷正路少将の第六戦隊も、三戦隊、四戦隊にやや遅れて続航する。午後二時五〇分ごろになって三S（第三戦隊の略符号・以下同様）と四Sは敵艦列の後尾にいた巡洋艦と、特務艦の運送船や工作船に攻撃をかけ、五S、六Sもこれにくわわった。まさに秋山参謀説くところの「乙字戦法」の具現だった。

この精魂をこめて練り上げた、わが戦法は大成功をおさめる。およそ一時間後には大勢がきまり、夕方までに戦艦「オスラビア」「スワロフ」「アレクサンドル三世」「ボロジノ」の四隻、ほかに特務艦三隻を撃沈してしまった。

夜に入り、部隊は第四段の夜戦にうつった。主役は駆逐隊と水雷艇隊にかわる。

これらの部隊の編制そのものは、開戦時とあまり変化なかったが、隊司令や艦艇長の幹部陣に大幅な移動があった。というのは、黄海海戦のさいの夜襲戦で成果があがらなかったのは、かれらに攻撃精神が欠けていたため、と断じられたからだ。六七名の幹部中、一〇名強をのこして、あとは全部入れかわっていた。

刷新されたかれらは、水雷部隊の名誉挽回のため大いに頑張った。波もまだかなり残っており、小さなフネの、暗い甲板を海水が洗う有様だったが、苦難をのりこえて敵艦隊を三方から取り囲む態勢をとった。そして六〇〇からさらに三〇〇メートルくらいまで突っこんで、魚雷を発射した。なかには、敵艦列の間をつっきって反対側に出、攻撃した艦もある。

戦果はあがった。戦艦「ナワリン」を撃沈し、「シソイウェリキー」、巡洋艦「アドミラル・ナヒモフ」「ウラジミール・モノマフ」を撃破して、翌日沈没にいたらしめたのだ。日清いらい伝統の名誉、ここに恢復成るであった。

〝大艦巨砲思想〟信念となる

翌二八日は、鬱陵島付近での後段決戦の日である。午前一〇時すぎ、残存敵主力を包囲して昼戦に入る段取りになった。ところが、艦隊司令官ネボガトフ少将は白旗をかかげて降伏したので、あとは、付近の残敵掃討で前日からの海戦は終わった。

あげた戦果は、撃沈が戦艦六隻をふくむ一九隻、捕獲が戦艦二隻をふくむ五隻。それに対し、わが損害は水雷艇三隻沈没だけだった。かれらが最終目的とした、ウラジオ入港を達成できたのは軽巡「アルマーズ」と駆逐艦二隻のみである。それは、国内でも外国でも、にわかには信じられないほどの空前の大勝利であった。

というわけで、日本海海戦はパーフェクト・ゲームといわれた。そして、この海戦が主だが、日露戦争中の海軍戦闘を通じていくつもの戦訓がくみとられた。

まえの日清戦争で、日本海軍は大艦と巨砲の重要性をさとったが、この戦争でその確信は深まり、大艦巨砲思想は強い信念となった。日本海海戦をよこ目に見た、外国海軍もそうであったろう。先進イギリス海軍は巨砲単一戦艦である、革命的な「ドレッドノート」をすばやく建造して、世界をアッと驚かす。

魚雷の威力が認識されたのも、この戦争だ。日清戦争のときは射程四〇〇メートルほどで、真っすぐに進ませるための縦舵調整器ももたないヘナチョコ〝魚形水雷〟だった。が、一〇年後の日本海海戦に使ったトーピードは、四〇〇〇メートルもの距離に到達することができた。

縦舵調整器もついており、しかも走っている軍艦に命中させるという、よその国に前例のないことを日本海軍はやってのけた。日露の役以後、魚雷はますます発達し、それは魚雷を搭載する駆逐艦の進歩をうながしていく。とりわけわが海軍では、駆逐隊、それをまとめた水雷戦隊といった夜戦部隊の発達に、やがて力こぶを入れることになっていった。

それから、これも日清戦争いらいの流れをくんで発展させ、編成した第一艦隊、第二艦隊を建制とする制度もすぐれていることが確認できた。主戦部隊をこの二つの艦隊とし、いっぽうの第一艦隊に巨砲、重装甲の戦艦をすえる。他方の第二艦隊は、速力がまさり、かつかなりの攻撃力を有する艦種で編成して、遊撃的な活躍をさせるようにした。

これは戦後、伝統的な思想となり、太平洋戦争中の昭和一九年ごろまでつづくのである。

堂々の凱旋観艦式

陸海の軍事的勝利、とくに日本海海戦の圧倒的な勝利が契機となって、明治三八年九月五日、日露戦争はわが国に有利な条件で講和を結ぶことができた。喜びに満ちあふれた連合艦隊は、東郷司令長官にひきいられて東京湾に入泊、一〇月二三日に横浜沖で堂々の凱旋観艦式を行なった。

戦艦以下一六五隻、合計三二万四〇〇〇トン強の大観艦式だった。開戦まえ、三六年四月に実施した大演習観艦式が六一隻、二一万七〇〇〇トンだから、隻数にして一〇〇隻以上も多い豪華パレードになったことになる。このとき、連合艦隊旗艦には、当然、栄光に輝く日本海海戦の勇者「三笠」がおさまるべきだったが、かわりに「敷島」がフラッグ・シップになった。

というのは、「三笠」はまだ講和まえ、佐世保軍港に帰っていたある夜、突如、爆沈してしまったからだ。それも謎の沈没だった。

九月一一日の午前零時すぎ、フネの後部でポンポンと小さな音が十数回きこえた。と思うと、いきなり、天地をゆるがす大音響とともに、後部マスト付け根付近から真っ赤な火炎が空中に立ちのぼった。六インチ砲弾薬庫が爆発したのだった。「三笠」はグングン沈みだす。またもや大爆発が起きた。こんどは、一二インチ砲火薬庫に火が入ったのだ。見る間に艦は沈下をはやめ、二本のマストと煙突を水面にのぞかせて、海底に座りこんでしまった。

さっそく査問会が開かれた。が、どういうわけか案外アッサリ打ち切られ、「人為的形跡なし、火薬の自然発火の模様」として簡単に片づけてしまった。ところが後に、「爆沈は兵員のそそうから生じたのだ」といううわさがたった。

何人かの悪水兵が、こっそり一杯飲ろうと企み、発光信号用のメチルアルコールを下甲板の弾薬通路に持ちこんだ。かれらは、それに火をつけ、パッと燃え出したところで炎を吹き消すと、メチルの毒がなくなると信じていた。ところが、誤って火のついたアルコール入りの金だらいをひっくり返してしまった。燃えひろがり、弾薬通路に出しっ放しになっていた装薬に火が移って大事にいたったというのだ。当人たちの一人が、後年、いまわのきわにざんげしたというのだが、さて、どこまで本当か？（日本週報三三五号・福永恭助『謎の軍艦爆沈』)

ところで、この観艦式には異彩を放つフネが参列した。潜水艇だ。編制が成ったばかりの第一潜水隊五隻が、初めて国民のまえに姿を現わしたのだ。参観者の眼前で潜航浮上の艇隊運動を展開した。その様子が、当時、博文館が発行した観艦式写真帖には、

「……水禽五尾、ソノ二ヲ剰(アマ)シテソノ三ハ既ニ水中ニ潜ミヌ。僅カニ司令塔、其頂ヲ露ハスノミ。……須臾(シュユ)ニシテ剰ストコロノ水禽二尾マタ忽然トシテ其全形ヲ水中ニ没シ去リヌ、操縦ノ術一ニ何ノ譎寄(キッキ)ヲ極ムルヤ。信号何レヨリ伝エシカ、水中ニ没セシ水禽頃刻(ケイコク)ニシテ再ビ水上ニ浮ビ来リヌ……」

と驚きの眼で、記されていたそうだ。

観艦式が終了すると、日清戦争のときと同じように連合艦隊は解散された。一二月二〇日、あの有名な「……一〇〇発一〇〇中ノ一砲能ク一〇〇発一中ノ敵砲一〇〇門ニ対抗シ得ルヲ覚ラハ……」と訓練の重要性を説き、「……故人曰ク勝テ兜ノ緒ヲ締メヨト」の言葉で結んだ東郷長官の訓示とともに、艦隊は平時の編制にもどった。

新顔〝南清艦隊〟の誕生

日本海軍は、難敵・強敵のロシア艦隊をほふって、ホントにホッとした。そのせいか、戦後のわが艦隊はいささか気がゆるみ、巡航訓練に出ると〝遊覧艦隊〟などと評されたこともあった。「三笠」の爆沈も、もしかするとタルミ事故であった、かもしれない。

それはそれとして、明治三八年一二月二〇日に編成しなおされた艦隊編制は6表のようになっていた。戦争最終期に存在していた第一から第四までの艦隊のうち、第三、第四が消え

6表　日露戦争講和後の艦隊（M.38.12.20）

艦隊	艦名	艦種	トン数	艦隊	艦名	艦種	トン数
第1艦隊	八雲	装甲巡	9800	第2艦隊	壱岐	海防	9672
	浅間	〃	9885		沖島	〃	4200
	磐手	〃	9906		千代田	巡	2439
	吾妻	〃	9465		新高	〃	3366
	常磐	〃	9885		和泉	〃	2950
	出雲	〃	9906		龍田	通報	868
	音羽	巡	3000		須磨	巡	2657
	千早	〃	1250		第13駆逐隊		
	対馬	〃	3360		満州丸	通報	3916
	第１駆逐隊						
	姉川丸	通報	11700				
南清艦隊	高千穂	巡	3650	練習艦隊	橋立	巡	4278
	千歳	〃	4992		厳島	〃	4210
	宇治	砲艦	620		松島	〃	4210
	隅田	〃	126				

て、決戦時の主戦艦隊である第一艦隊と第二艦隊だけが残った。そして新たに、「南清艦隊」というフリートが設けられた。

日本が中国に警備艦を派遣するようになったのは、明治一七年からだった。清仏戦争が起こり、わが国も諸外国と協同して上海の警備にあたることになったからだ。以後、何隻かを常駐させていたが、日清戦争が終わってからは五隻くらいにふえていた。

たとえば、明治三〇年には「赤城」が天津方面に、「筑紫」「大島」が上海在泊を主とし、「鳥海」は一定地方をきめずに各地を巡航していたようだ。こういった派遣艦は、「其国ニ在留スル帝国人民ヲ保護スルヲ以テ目的」としていたが、明治三三年に北清事変が起きたとき、その処理の経験から、「これは、揚子江にも上流まで遡江でき

る警備艦が必要だ」と、あらためて考えられるようになった。

そこで建造されたのが、6表にある砲艦「宇治」だ。三六年竣工、六二〇トン、吃水が二・一メートルという浅い艦だった。列国のやり方にならったのだが、それからはわが国でも、あいついで河用砲艦がつくられていった。ただ、「宇治」の場合、河専用艦よりも多少吃水が深かったので、漢口あたりまでしか、さかのぼれなかったといわれている。

初代南清艦隊司令官には武富邦鼎少将（のちに中将）が任命され、警備区域は揚子江流域と以南の清国沿海、それから台湾の沿海に定められた。

当時の中国警備は対日感情もよく、大らかな雰囲気がただよっていたらしい。明治四一、二年ころの「明石」を例にとってみても、上海から馬公へ行ったり、福州、厦門などを巡航し、あるいは揚子江を遡江して南京、九江、大冶、漢口へ回っている。悪くいえば、警備と名のつく観光といえなくもなかった。もっとも、警備には「該地居留ノ帝国臣民及彼ノ国民ニ帝国ノ国旗ヲ示ス」のも目的だったから、それでよかったのだともいえる。

そして、揚子江より北の北清方面と韓国沿海の警備には、第二艦隊が従事することになった。この明治三九年度の二艦隊は、各艦がなるべく分離して行動する方針をとった。それぞれが、芝罘、営口、大連、鎮南浦、仁川、群山、釜山、鎮海などを巡航している（またも、どこからか遊覧艦隊の声が聞こえそうだ）。

こういうように、平時の艦隊に「任務」が規定されたのは、この年度からで、第一艦隊にももちろんあたえられ、「本邦沿海並ニ東亜露領沿海ノ巡航警備ニ任ズ」るのが当面の業務とされた。

さて読者諸賢のなかには、明治時代の古い軍艦にくわしい方もおられようが、6表を見て、何か気づかれなかったであろうか？　そう、戦艦がいないのである。「初瀬」「八島」が戦役中に沈没し、「三笠」まで大破着底していたので、当時、わが海軍もともとの戦艦は三隻しかいなかった。捕獲した旧ロシア戦艦にしても、すぐ使えるフネはなかった。

ともかく、ほかにどのような理由があったかはわからないが、三九年度の第一艦隊では、戦艦は全部欠席。かわって、装甲巡洋艦群が登場したのだ。日本海海戦で、第二艦隊主力となり準戦艦格の立場で戦った艦だから、平時艦隊の柱とするには、それほど不適格ではなかったろう。

ただし海軍の仮想敵は米

日露の開戦まえ、ロシア海軍は英、仏についで第三位の艦隊をもっており、日本艦隊は第四位の艦船量だった。戦勝によって、その第三位を蹴落としたのだから、日本は当然、第三位に上がってしかるべきだった。

ところが、明治三一年の米西戦争いらい、アメリカは大海軍の建設に乗り出し、ドイツも〝艦隊法〟とやらをかかげてイギリスと張り合う姿勢を強めてきた。こんなとばっちり（？）から、日本海軍のせっかくの努力もむなしく、艦隊保有量は第五位に転落してしまった。

そのころ、海軍部内で国防問題のオーソリティ、論客というと佐藤鉄太郎中佐（のちに中将）だった。山本権兵衛大将に信任された人だが、日本の軍備は海主陸従とし、海軍がまず、攻めてくる敵艦隊を洋上に撃滅して、防勢的に国土の安泰をはかろうという思想をもっていた。それは海軍一般の考え方でもあり、したがって、第五位という海軍力の現実に大きな憂慮をいだいた。

いっぽう陸軍では、多大の犠牲をはらって勝ち得た満州の権益を守り、それを足場にして大陸へ国力の発展をはかるべきだと考えた。となると、いぜん大陸軍をかかえているロシアは目の上のたんこぶである。

独立国として国を保全するため軍備をもつ以上、想定敵国つまり仮想敵国をきめて適切な策を施すことはぜひ必要だ。

明治四〇年四月、初めて、陸海軍共同の起草になる「帝国国防方針」「国防ニ要スル兵力」「帝国用兵綱領」が決定された。きわめて大ザッパに言ってしまうと、「国防方針」で想定敵国が、その国と戦うにはどれだけの兵力を必要とするかが「所要兵力」で、その兵力を使って、どういう戦略をとるかが「用兵綱領」できめられた。

当面、海軍にとってロシアは相手にするほどの力はもっていない。敵国に仮定するとすれば、もろもろの理由からアメリカだった。

結局、日本としての想定敵国は、第一にロシア、第二にアメリカとされた。ただし、対アメリカ戦はもっぱら海軍が従事するときめられた。

所要兵力量では、海軍は最低限、

戦艦（約二万トン）＝八隻

装甲巡洋艦（約一万八〇〇〇トン）＝八隻

を主幹とする最新、最鋭の艦隊をつねに整備しておくことに決定されたのであった。いわゆる「八・八艦隊」構想の芽生えだ。

そして、もし戦争がアメリカとだけの場合には、海軍は「先ツ敵ノ海上勢力ヲ撃滅スルヲ主眼トシ嗣後ノ作戦ハ臨機之ヲ策定ス」と用兵綱領のなかに書きこまれた。

〝白色艦隊〟歓迎の大演習

日露戦争では講和を斡旋してくれたり、アメリカは日本に非常に好意的だったが、戦後、急速に対日感情が変わった。それには理由があった。米国は満鉄の買収計画が日本の反対でつぶれ、また極東進出がうまくいかないのは、大勝した日本の思い上がりからであると見た。日本人移民排斥の火の手があがり、さらに日本討つべしの声さえ騒がしくなりはじめた。

そんなおり、アメリカの大西洋艦隊は戦艦一六隻を基幹に、南米沖をまわってサンフランシスコへ回航してきた。途中、各種の戦闘訓練作業をくり返し、カリフォルニア沖に達すると艦隊遭遇戦の演習をしたのだ。かれらの真の意図は何であったか。日本側はそういう米艦隊の行動を、日本への威嚇と受けとめた。

しかし、両国間の感情の沈静を望んだ斎藤実海相は、みずから主唱して、艦隊の帰航にさいし日本への訪問を要請する。アメリカ艦隊は船体を白く塗っていたので、「ホワイト・フリート」とよばれたが、明治四一年一〇月一八日に横浜へ入港、一週間碇泊して、上下をあげた日本の大歓迎を受けた。結果、米国新聞の強い対日論調もやわらぎ、斎藤大臣たちの努力は実ったのだった。

だが、そういう一方、かれら入港の当日、一〇月一八日を期して日本海軍は大演習に入った。そのために、伊集院五郎中将の第一艦隊、出羽重遠中将の第二艦隊、それから演習用に臨時編成した富岡定恭中将の第三艦隊とで、連合艦隊を編成した。連合艦隊長官は、慣例にしたがって一艦隊の伊集院中将だ。

東経一二六度から一三七度、北緯二六度から三五度の、主として九州、南西諸島付近の海域で実施されたが、参加艦船はその年一月に編成された平時艦隊とは打ってかわった、まるで戦時編制同様の大部隊だった。新造の「香取」「鹿島」と、修理の完成した「三笠」をふくむ戦艦一〇隻をはじめ、総計一一四隻の集団である。

一〇月一八日からの第一期演習を終わって、一一月七日午前零時から第二期の対抗演習が開始された。対抗演習状況のあらましは、兵学校五四期生、土山広瑞中佐の研究によるとつぎのようであった。

連合艦隊を分割し、「三笠」を旗艦とする第一艦隊が「南軍」と称して敵方にまわり、「香取」を旗艦とする第二艦隊と「壱岐」が旗艦の第三艦隊とが、日本軍である「北軍」になった。南軍は奄美大島を占領して戦備をととのえ、日本本土へ来襲する。北軍は、第二艦隊が佐世保から、第三艦隊が呉から出撃して敵を迎え撃つ、という想定だった。

奄美大島を出撃した敵は九州東方海上に向かい、まず、呉を発した北軍・第三艦隊を叩き、つぎに、佐世保から出てくる第二艦隊を各個に撃破しようとする。これにたいし、味方・北軍はそれぞれ豊後水道、大隅海峡を通過したのち洋上で合同、南軍と決戦する作戦方針をたてた。

そして、八日夜半から九日早朝にかけて、両軍は九州東方海上で衝突し、猛烈な砲戦、魚雷戦が交えられて演習中止となった。この大演習は、さきほど述べたように時期が時期であったためか、日本海軍が米国海軍を敵に見立てた最初の大演習だったといわれている。

〝月月火水木金金〟のルーツ

大敵清国をくだし、その一〇年後には、ホントに勝てるのかしらと心配した難敵ロシア軍も破ると、日本国民は安心を通りこして気持ちにゆるみを生じたようだ。しだいに人心が〝浮華軽佻（ふかけいちょう）〟に流れていった。

そんな国情を憂え、天皇が「戊申（ぼしん）詔書」を出して国民を戒めたのは明治四一年一〇月だが、海軍でも、艦隊の軍紀風紀ひき締めにかかった人物がいた。伊集院五郎という中将だ。のちに大将、元帥に進むのだが、少将のころ、いわゆる「伊集院信管」という弾底着発信管を考案したので、そちらでよく名前が知られている。

薩摩の出身、英国のグリニッチ海大に留学し、長い間、大西洋艦隊のイギリス艦にも練習乗り組みしていた、典型的な英国型紳士だったそうだ。そのせいであったか、あるいはもともと几帳面な性格だったからか、大変なやかまし屋だったらしい。日露戦争前、まだ常備艦隊司令官だった当時、麾下の軍艦の清掃や整頓にうるさく、碇泊している艦が少しでも傾いていたりすると、すぐ艦長に小言をくわせた。「フネがかしいでいるのは、人間が肩ぬぎしているのと同じだ」という調子だったのだ。

訓練にもすこぶる熱心。それも、同じ作業の反覆くりかえしであった。「合戦準備!」各艦が準備を終わって整備旗をひらくと、「合戦準備もとへ」で旧に復させる。ふたたび「合戦準備!」「合戦準備もとへ」で、そしてまた「合戦準備」……。一日中、それればかりの訓練だったのだそうだ。たしかに、一艦での規律をひきしめ、練度を高めるには効果的な方法だったろうが、やらされた方はたまるまい。

こんな人柄だったからか、戦後の海軍の風潮にあきたらず、みずから艦隊に乗りこんで行った。軍令部次長兼艦政本部長の要職にあったが、志願して第二艦隊司令長官になった。明治三九年一一月の就任だったが、四一年五月からは主力・第一艦隊の長官に転じ、あわせて連続三年間、ともすればゆるみかかるわが艦隊のネジを、ギリギリと巻き上げたのであった。

艦が動揺しているときを想定して射撃訓練を行なうために、一万五〇〇〇トンを越すあの大きな戦艦で、手があけられる兵員をみな集め、

「右舷につけぇ、左舷につけぇ」

と上甲板を右舷、左舷交互にかけ足移動させて揺らし、照準発射の稽古をした。

艦隊が巡航するときも、なるべく田舎の海港に入って作業地訓練をする。上陸はいっこう

に許す気配もなく、ひたすら朝から晩まで訓練をつづけた。たまに軍港へもどっても、二、三日、石炭補給かたがた休養するとすぐ出港してしまう。これが数年間つづいたのだから、乗員たちもまいった。相当に疲労した。

そんな猛訓練艦隊で悲鳴をあげた一人に、津留雄三という大尉がいた。明治・大正の海軍で、軽妙なことを言っては人を笑わせる話術の大家、ヘル談（海軍士官が言うところの、ウィットとユーモアに富んだ、上品なワイ談）の大家として名を知られた人なのだが、その彼が、「ワー、これじゃとてもたまらん。まるっきり、土曜、日曜なし。月月火水木金金だなぁ」と嘆いたとか。これが、太平洋戦争中、わが海軍の猛訓練ぶりを表わす標語として有名になる「月月火水木金金」のルーツなのだといわれている。

〝一斉射撃法〟導入

大艦巨砲主義は、日露戦争の経過とその戦訓によって確立された。艦隊戦闘術科の主役は、過去もそうであった砲術科が、まぎれもなくその地歩をかためる。

日清戦争のときの黄海海戦では、わが艦隊の一五センチ砲は距離三〇〇〇メートルで撃ち始め、一〇年後の日露戦争・日本海海戦での第一戦隊・三〇センチ砲は六四〇〇メートルで発砲を開始した。さらにそれから一〇年たち、第一次世界大戦・ジュットランド海戦では、イギリス艦隊の三四センチ砲は、ついに一万メートルをこえる一万六八〇〇メートルで撃つようになっていく。

砲と艦の製造技術の躍進にともなう、驚くべき射距離の延伸ぶりだが、よくもまあ、そんな遠くから弾丸を発射して命中するものである。

それは、測距儀をはじめ各種の測的や射撃指揮兵器が発達し、射撃指揮法が進歩したからであった。日露戦争までの日本海軍の射撃は――よその国の海軍もそうだったが――もっぱら〝独立撃ち方〟であった。砲術長が「撃ち方始め」の号令をかけ、試射から本射にうつると各砲塔、各砲ごとに、指定された目標にめいめいがバラバラに撃つのだ。

しかし、この方法では、着弾したどの水柱が自分の撃った弾丸のものか弾着観測に不便で、砲数が多くなるほどしかりだった。そこで、日露戦争の前から、イギリス海軍のパーシー・スコット少将は〝一斉撃ち方〟を提唱しており、戦後まもなく、わが艦隊にも導入されてきた。

この方法によれば、指揮官の号令一下、同じ照尺をかけた数門から同一目標に発射された全弾が同時に弾着する理屈だから、立ち上がった水柱を一括して観測することができる。指揮官は散布界の中心を看破し、次弾、次々弾散布の中心が目標にかさなるように指導するのは容易だ。

日本海軍で、一斉撃ち方を最初に実行したのは、のちの元帥・軍令部総長、当時「厳島」砲術長だった永野修身大尉だそうだ。戦艦「香取」クラスなど、ほかの艦でも、このころ、すなわち明治四〇年あたりから、砲術長が新方式による射弾指導を開始したらしい。

当初、弾着までの時間計測にふつうの秒時計を使っていたが、まもなく直径二〇センチも

砲撃訓練において主砲を発射する戦艦「摂津」

ある大きな弾着時計が開発されて、観測精度が高められた。さらに、大砲が大きくなってより遠くへとどくようになると、いっそう高い位置から敵を観測、指導する必要が生じ、射撃指揮所として、檣楼がもちいられるようになっていった。

そして、それまで、砲撃訓練は単艦単位だったが、明治四二年度から編隊射撃を演練するようになる。軍艦では、五〇〇〇メートル以上を射距離とすることに定められたが、翌四三年、新戦艦「薩摩」の三〇センチ砲は八〇〇〇メートルで編隊戦闘射撃を実施した。日本海海戦のときより、若干遠い目標を狙うようになったというところか。

射撃目標に使用する標的も、従来は錨で碇置した「静的」だったが、四四年度から初めて、曳航艦で引っぱる「動的」を目標にするようになった。さらにこの年からは、夜間戦闘射撃も実施している。こうしてみると、日本艦隊の砲術も一段と進歩したように思えるが、じつは、イギリス海軍あたりにくらべると、まだまだ数歩の遅れがあった。

〝ドンガメ隊〟演習に初参加

ドンガメ隊・第一潜水艇隊が生まれたのは日露講和

直後の明治三八年一〇月だったが、翌三九年三月に、つづいて第二潜水艇隊が編成された。ホーランドの改良型図面を購入し、神戸の川崎造船所で二隻、第六号艇、第七号艇を建造して隊を編んだのだ。それから四二年になると、英国ビッカース社でつくられたC型二隻が到着し、第八、第九潜水艇と名づけて第三潜水艇隊が編成された。

第一艇隊が誕生していらいおよそ三年で、九隻の潜水艇部隊が出来あがったのだから、かなりの急ピッチ増勢といえた。はじめ、これら三つの潜水艇隊は、横須賀鎮守府かあるいは呉鎮守府の所管におかれていた。だが、冬の東京湾方面は風波が強く、ちっぽけで貧弱な航海性能のそのころの艇では、とても研究や訓練に耐えられなかった。

それで、明治四二年四月からは、第一～第七潜水艇で第一潜水艇隊を、第八、第九潜水艇で第二潜水艇隊を再編成し、両隊ともぜんぶ、呉鎮守府に本籍をうつすことにした。ヨチヨチ歩きのドンガメを健全に生長させるには、温暖で静穏な瀬戸内海のほうが好適と判断されたからだ。

六号艇、七号艇などは五七トン、七八トンと、とりわけ小さかった。速力も水上八ノット。潜航するにも時間がかかったので、こんなヤツが実戦に使えようとは、当時だれも考えなかったらしい。

潜航といっても、一号艇が六ノットで二〇マイル、六号艇が四ノットで一二マイルくらいしか走れなかった。だから、かれらは一時的に潜没できる奇兵的な存在で、軍艦のような「戦闘単位」にはほど遠かった。したがって、艦隊には所属させられず、潜水艇隊ごとに独立して司令の指揮下で訓練が行なわれたものだった。

それでも、明治四一年の初頭、まだ第一潜水艇隊が横須賀にいたじぶん、横鎮と機関候補生練習艦との連合演習に参加したことがあった。当時は、保安上の理由から、潜航中、潜望鏡を全没しての航行は禁じられていた。それでも、すこし海面に白波があると、潜望鏡が浪を切っていながらなかなか発見するのが難しかったらしい。

第一潜水艇が観音崎沖合で配備についていると、駆逐艦に護られた仮想敵艦「宗谷」が東京湾へ侵入しようとやってきた。艇長坂元貞二大尉（のち少将）はただちに潜入を開始し、前程に進出すると襲撃を決行した。襲撃といったところで、演習のことだから魚雷発射管内の海水を空気でおし出し、そのさい浮き上がる気泡で発射時機、時点を示すのだ。発射地点が有効距離にあったため、「宗谷」に乗っていた審判官は、「宗谷」廃艦を宣告した。これが、演習ではあったが、わが海軍潜水艇の〝襲撃成功第一号〟である。

こんな一幕から、日本サブマリン部隊は発達していったのだが、あの、全国民を感奮させる壮絶な遺書をのこして、佐久間勉艇長ほか一三名の乗員が殉職する第六潜水艇遭難事故が発生するのは、それから二年後、明治四三年四月のことであった。

こういう悲痛な事件を起こしてまで訓練に精を出したが、威力の増大ははかばかしくは進捗しなかった。明治末年になっても、大速力で航行する軍艦はほとんど潜水艇を顧慮する必要なし、せいぜい敵根拠地に近づいたようなときのみ、警戒すればよい、という程度にしか認識されなかった。

艦隊平時編制の基本成る

ところで、日本海軍が戦争に勝ってちょっと気をゆるめていた明治三九年、わが海軍だけでなく、列国海軍を驚愕させるような出来事をイギリスは起こした。日露の戦訓を横目ですばやくにらんだ英海軍は、極秘裡に、しかも急速に画期的な戦艦を建造してしまったのだ。「ドレッドノート」がそれだ。

排水量は「三笠」より三〇〇〇トンしか大きくない一万八〇〇〇トンほどだが、中間砲をやめて単一主砲主義をとり、三〇センチ砲を一〇門も備えた。速力は、タービンを採用して二一ノットを出し、三ノットもはやかった。

したがって、わが海軍では、戦前にイギリスへ発注していた「香取」「鹿島」はもちろん、当時、国内で設計、建造にかかっていた「薩摩」「安芸」もみんな、竣工と同時にいきなり二流戦艦にたたき落とされてしまったのだ。

しかし、いかに見劣りする戦艦に堕したとはいえ、新造「香取」「鹿島」は、ポスト・ウォー日本海軍の背骨にならなければならない重要な軍艦であった。

約一万六〇〇〇トン、石炭罐、レシプロエンジンを使い、速力は一八・五ノット。三〇センチ主砲四門、二五センチ中間砲四門、ほかに一五センチ砲一二門などをもち、水中魚雷発射管も五基そなえている。

明治三九年五月に完成すると、わが乗組員の手によってすぐ日本へ回航され、八月、横須賀へ二隻ともぶじ、あい前後して入港した。

　着港後、両艦は四ヵ月ほどで、四〇年一月一八日に第一艦隊へ編入された。「香取」が艦隊旗艦になった。前年の三九年の艦隊は、戦艦のいないフリートだった。

一年少々ぶりに戦艦がもどってきたわけだが、以後、連年、太平洋戦争の後期まで、大艦巨砲主義時代の象徴・第一艦隊から、バトル・シップの姿が消える年はぜったいになかった。海上の王者として君臨したのである。

　そしてまた、四二年以後の第一艦隊では、その主柱部隊に戦艦、巡洋戦艦以外の軍艦がまじることもなかった。たとえば、明治四五年度の一Fは、戦後派の「香取」「安芸」「筑波」「伊吹」と戦前派の「三笠」「敷島」の六隻で編成されていた（ただし、「筑波」「伊吹」は、艦隊編成時まだ装甲巡洋艦で、まもなく巡洋戦艦になるのだが）。

　いっぽう、明治四一年一二月に「第三艦隊」が設けられたが、これは、従来の南清艦隊の改称であって、艦隊任務に変更はなかった。

　というわけで、明治四二年からのちの、平時のわが艦隊編制は第一、第二、第三艦隊、それから練習艦隊の四個フリートを柱とする方針が打ちたてられ、それは昭和一二年までの三〇年ちかい長い間、つづいていくのである。

第二章　大正の艦隊

大正元年大演習の教訓

創設が成り、日清・日露両役をスプリング・ボードとする飛躍の時代を終えた明治海軍は、大正海軍へと舞台をうつした。その幕あけが、元年一〇月から一一月にかけて実施された海軍大演習である。

すでにこのころは、しっかりした「海軍演習規則」ができていて、戦争中は別とし、例年秋に小演習を、三、四年おきには大演習を行なう定めになっていた。小演習のほうは、個々の艦隊や部隊の局所的作戦について戦略、戦術を研究するのが原則的目的であり、大演習は大部隊が実施する大作戦に関して研究、演練するのが目的だ。大演習だと、参加艦艇も多くなり研究上得るところは大きいが、それだけたくさん金がかかるので、毎年実施するわけにはいかなかったのだ。

大正元年大演習は日露戦争後、二回目の大演習だったが、統監は例の超ヤカマシ屋・伊集院五郎大将。部隊は、出羽重遠大将の第一艦隊と吉松茂太郎中将（のち大将）の第二艦隊の全部、それに第三艦隊からも一部が参加し、横須賀、呉、佐世保、舞鶴各鎮守府と馬公、大湊の要港部もくわわる大がかりな演練が、約四週間、くりひろげられた。

第一期の演習では艦隊、鎮守府、要港部の出師準備すなわち艦船部隊を戦争に出動させるのに必要ないっさいの準備練習や基本的な訓練を行なった。第二期は攻撃側・防御側に分けた青・赤両軍艦隊と横須賀鎮守府（赤軍）それぞれの各個の事前演習、そして第三期が、一

○月二八日より一一月三日までの〝演習の華〞対抗演習だった。
大砲の射撃訓練や魚雷の発射訓練、機関の戦闘運転などは、主として下士官兵を対象とする訓練であり、演習のほうはおもに彼らを指揮する士官のための訓練である、ともいえた。

7表　大正元年度大演習参加部隊

青軍	艦隊	第1戦隊	河内　摂津　安芸　薩摩　香取　鹿島
		第3戦隊	出雲　磐手　常磐　八雲
		第5戦隊	平戸　筑摩　矢矧　音羽　対馬
		第1水雷戦隊	利根　1、2、7、9駆逐隊
		第3水雷戦隊	千歳　3、12、13、16駆逐隊
		通報艦	淀　千早
		特務艦	高千穂
赤軍	艦隊	第2戦隊	三笠　敷島　朝日　富士　相模　周防　丹後　日進
		第4戦隊	伊吹　鞍馬　生駒　筑波　吾妻　阿蘇
		第6戦隊	宗谷　津軽　明石　須磨　千代田　秋津洲
		第2水雷戦隊	笠置　5、6、8、14、17駆逐隊
		通報艦	龍田
		特務艦	浪速
	横鎮部隊	警備艦船	橋立　厳島　韓崎　4、5駆逐隊　1、2、4艇隊　2潜水艇隊
		水雷団	水雷団　敷設隊
		望楼	長津呂　布良望楼　特設望楼若干
		海兵団	海兵団
		病院	病院

　それには図上演習とか兵棋演習とかの方法もあったが、実際の艦船や部隊を動かして海上に展開する生の演習によれば、なによりも〝活機〞をつかむことができる。成果と教訓は上級、中級指揮官や幕僚たちの兵術的な着眼、判断を向上させるのに大いに役立った。
　このときの大演習では、7表にかかげたような部隊編制で対抗演習を実施している。戦艦は戦後派の新造艦が青軍に、戦前派とロシアからの捕獲艦が赤軍にふりわけられた。そのかわりかどうか、数ヵ月まえの八月まで新装甲巡洋艦だった「伊吹」「鞍馬」などが巡洋戦艦に類別がえされて、赤軍部隊に入れられた。九州は有明湾から四国沖、東京湾にいたる広範囲な海面で演じられたのだが、終了後、出羽重遠青軍指揮官が提出した所見によると、いろいろ貴重な教訓が得られている。この艦隊の参謀長は秋山真之少将だったが、たとえばこんなふうだ。

(1)主戦戦隊を編成するには、列艦の攻撃力・防御力を基準とせず、主として速力・旋回力によるのを有利とする——二日目の対抗戦で、第一戦隊の第一小隊「河内」「安芸」「摂津」は一八ノットの強速をもちい敵第四戦隊を攻撃できた。だがおそい「薩摩」以下の第二小隊は追従できず、第一戦隊の陣形運動は終始、意のごとくにいかなかった。

(2)大艦隊の司令長官が座乗する最高旗艦は、主力戦隊の旗艦ではなく、独立艦を有利とする——長官が必要な命令を各部隊に伝えようとしたが、無電は両軍相互の混信や妨害でほとんど使用できず、しかたなく手旗信号によるほかなかった。最高旗艦が第一戦隊を直率していては、緊急時に、命令の伝達が思うようにいかないというのだ。

また、優速な巡洋戦艦戦隊を戦闘序列の先頭において戦う場合、最高旗艦が主力戦隊を直率していては、やむを得ず、全部隊の嚮導を先頭部隊指揮官にまかせなければならない。「戦策」の実施が最高指揮官の意志どおりにいかないと批判している。「戦策」とは、予想される戦闘の各種の状況において、とるべき作戦方針や作戦要領などを定めた約束ごとのことだ。

この〝最高旗艦独立〟は、秋山少将の海大教官時代からの持論でもあった。そしてまた、赤軍横鎮部隊には第二潜水艇隊が参加したが、これについては、

(3)「……青軍ノ主隊ハ三回、潜水艇ノ襲撃ヲ受ケ、第一ハ大島ノ西方ニテ給炭漂泊中、第二ハ野島崎ノ南西約一〇浬、第三ハ南一〇浬ニテイズレモ海上ヤヤ波高キ時ナリシ。シカシテ三回トモ発見スル能ハズ、河内、薩摩、出雲ノ三艦廃艦トナレリ。モットモ其魚雷発射ノ効率ニイタリテハ未定ナルモ、トニカク前記ノ如キ範囲内ニ於テ活動シウル程度ニ達シタル以上ハ港湾防御ノ効力充分アリト認ム」

との論評を下した。まだヨチヨチ歩きではあったが、子ガメの甲羅はしだいに固くなりつつあった。

“海軍航空”飛翔開始

ちょうどそんなとき、海中へもぐる潜水艇とは逆方向の次元へ向かう新兵器があらわれた。いうまでもなく飛行機である。

日本海軍で公式に飛行機のことを言い出したのは、当時、軍令部参謀の山本英輔少佐（のちにGF長官、大将）であったようだ。新知識を仕入れ、明治四二年に「飛行器ニ関スル意見書」を上司に提出したのが最初らしい。航空術研究委員会なる機関が設置され、大正元五年一一月二日、委員の一人、アメリカで練習をしてきた河野三吉大尉（のち中佐）が飛んだのが、わが海軍の初飛行だ。横須賀の追浜海岸から離水し、十数分間の飛翔だった。

そして一〇日後の一一月一二日、大演習が終わったあとの横浜沖観艦式に、あらためて二機が空中から参列することになった。この日は海上波静かで絶好の飛行日和。河野大尉のカ

ファルマン水上機。海軍航空の黎明期に活躍

ーチス水上機は山下町海岸から出発して式場上空を一周、一五分後にぶじ着水した。

もう一機、こちらはフランス仕込みの金子養三大尉（のち少将）がファルマン水上機で、杉田から観艦式上に飛来した。高度二〇〇メートルで一周すると、お召艦「筑摩」を先頭に「矢矧」「平戸」とつづく巡洋艦列の側方に着水する。それからふたたび水煙をあげて離水し、追浜へ帰着したのだ。こうして、誕生したばかりの海軍機は目出たく観艦式に華をそえ、海軍航空除幕の大任をはたしたのであった。

しかし、まさか、こんなチョッと叩くとこわれてしまいそうなヒコー機が、三〇年後、戦艦の座を奪ってしまうほどに生長しようとは、だれも気がつかなかったに相違ない。一般国民も、この日まで、海軍でも飛行機を研究していることを全然知らなかったのだ。

当時は、搭乗員は士官だけにかぎられていた。観艦式の直後、はやくも第一期操縦練習将校の教育が開始された。このころから彼らは行きあしのある、元気さかんな連中が多かったようだ。追浜でトンボみたいな飛行機で飛びはじめて一ヵ月もすると、「天気さえよければ、現在の機体でも空中偵察に使える」というほどの意気と自信を示し出した。

あくる年の大正二年秋、九州北西方の海面で連合小演習が行なわれ、はじめて飛行機も参加した。日露戦争での拿捕船「若宮丸」を母艦に仕立て、飛行機を搭載して演習地の佐世保へ向かった。例によって第一期演習は各部隊の単独訓練なので、佐世保ちかくの面高（おもだか）を基地にして飛行機隊の訓練をする。第二期の対抗演習では、カーチス機二機は面高を基地に赤軍・防御側にまわり、ファルマン機三機は「若宮丸」搭載のまま母艦機として青軍・攻撃部隊に属した。ファルマンは「佐世保港内の艦船動勢を偵察せよ」との命令をうけて飛び立ったが、成果はあがり司令官から賞詞が出されたほどだった。

当時の飛行機の任務は偵察だけである。偵察結果はすみやかに報告されなければならない。機上無線はまだ実験段階だったので、通信は手旗信号か報告球によるほかなかった。だが、座席のうしろは発動機があり、うっかり手旗を飛ばしでもするとプロペラに引っかかるおそれがあった。そこで、旗の棒をはずし手袋型にした赤・白のきれを振って信号する方式を試みたのだそうだ。報告球は便利だが、投下しても相手が小型艦だとなかなか命中しない。結局、翼間支柱に旗竿をつけ、それに一旒か二旒の信号旗をかかげる旗旒信号法を採用した。無電が実用化されるまではおもにこの方法によったのだが、手旗信号も大正一〇年ごろまでは使われたらしい。

草創期の海軍航空には、思わぬところに苦労があった。しかしこんな飛行機で、翌三年には第一次大戦の実戦場に飛び出したのだから、驚きである。

艦隊編制の近代化

さて、大正三年は日本海軍にとって、艦隊編制から見ると注目すべき年になった。明治初年の「小艦隊」建設いらい、「艦隊編制例」ついで「艦隊条例」へと移る制度的な進展とともに、じっさいの艦隊もふくらみ組織も整備されてきた。さらに、こういう法規的制度は、この三年一一月に「艦隊令」制定へと発展し、それは以後、昭和二〇年の敗戦まで厳として動かぬ法典となった。もちろん、時代の進歩、変遷によって改定はあったが、近代的な艦隊組織の基本はこのときに定められたのだ。

日露戦争のとき初めて艦隊のなかを「戦隊」に区分して戦った。一人の指揮官が直接指揮できる、艦艇から成る海軍軍隊の大きさはおのずから限定される。その最大構成群を戦隊と名づけて合理的に戦ったのだ。だとすれば、平時からそのように艦隊内を整頓しておいた方が便利であり、実際的である。

そこで、従来のように艦艇を十把ひとからげにほうり込む方式をやめ、艦隊令によってふだんから「艦隊ハ必要ニ応シ之ヲ戦隊ニ区分ス」と改めたのだ。艦隊司令官は、これまで艦隊司令長官の命をうけて艦隊の一部を指揮するが、固定した麾下艦艇をもっていなかった。しかし以後は、常時編成されている、すなわち建制化された戦隊の指揮だけをとることが多くなったのだ。ひとつの発展だった。

そして、おもに軍艦で編成される戦隊とは別に、「水雷戦隊」も設けられることになった。もともと、駆逐艦とか水雷艇とか、魚雷を主兵器とする艦艇は夜間の接戦が主任務だ。駆逐艦の場合、戦闘単位である駆逐隊の編制は、当初、二隻一隊だったが、明治三四年五月以降、四隻一隊が標準タイプになっていた。それ以上多くなると、かえって味方どうしが混雑し、効率的な最小単位としての意味をなさなくなるからだ。

この三四年から日露戦争中にかけての駆逐隊は、鎮守府司令長官や艦隊司令長官が個々、独自に編制を定めていた。が、三八年一二月からは「駆逐隊条例」を発布し、海軍としてオーソライズした「駆逐隊」を編成するようになった。

ところで問題は、四隻編制の駆逐隊、何隊で一つの〝単位攻撃目標〟に撃ってかかるかである。戦術上の見地からは、それは二コ隊をこえてはならない、と秋山真之海大教官たちは考えたようだ。そのために、まず、二コ駆逐隊で〝駆逐連隊〟を編む。

さらに秋山教官は、「水雷戦隊ノ編制ハ各海軍国ニ未タ其例ヲ見スト雖モ、多数ノ駆逐隊、艦隊ヲ運用スルニ当リ、其指揮ヲ統一シテ協同動作ヲ遂ケシムルカ為メ、已ニ其ノ必要ヲ感スルノ時期ニ達セリ」（秋山中佐講述『海軍基本戦術』明治四〇年版）と発想し、二コ駆逐連隊で水雷戦隊を編成することをとなえたのだ。

知将・秋山真之

戦後の明治三九年五月、第一艦隊に第一、第五、第一一、第一三駆逐隊の四隊が付属された。これは駆逐連隊として集合、艦隊に編入し、訓練を開始したのだが、水雷戦隊方式訓練のそもそもであった。以後毎年、駆逐連隊の訓練はつづけられていき、大正三年から正式に、水雷戦隊と呼称されて、教育年度の全期を通じ艦隊のなかに編制がもたれるようになった。

こうして大正三年に、平時艦隊の内部構成がより実際的、機能的に改革されたが、この年、同時に艦隊の平時任務も改められた。というより根本的に確立しなおされた。

戦時の艦隊は、敵と戦って勝つことに目的を置くことはもちろんである。そのいっぽう、明治三八年一二月、平時の艦隊について、第一艦隊が「本邦沿海並ニ東亜露領沿海ノ巡航警備」、第二艦隊が「韓国沿海並ニ北清方面ノ……」、第三艦隊は「清国揚子江流域及其ノ以南ノ清国沿海並ニ台湾沿海ノ……」と任務を定めていた。

だがそれを、今回、「艦隊平時任務」をあらためて制定し、「第一、第二艦隊ハ専ラ教育訓練ニ従事シ兼テ本邦支那及東亜露領沿海ノ警備ニ任ス」と、新定に近い改正をしたのだ。主戦部隊である第一艦隊、第二艦隊は、警備区域を別個にして行動するのではなく、一本化された。しかも、巡航警備は二の次にし、〝教育訓練〟を艦隊の第一義として平時任務の前面に打ち出したのだ。

これは何を意味するのか。日清・日露の両役に日本海軍は大いなる勝利をあげた。したがって当面、近海に敵はない。〝海防艦隊〟の域は卒業である。つぎは、新たに想定した敵と事をかまえたそのとき、はるか洋上でしのぎを削らなければならないであろう艦隊決戦に、ぜひとも勝たなければならないと覚悟したからではなかったか。

大戦勃発！　艦隊戦時編制に

大正三年の夏、突如、バルカン半島を発火点としてヨーロッパに大戦争が始まった。

当時、日英同盟が結ばれており、イギリスはさっそく「相応の援助を頼む」と、日本に要求してきた。八月七日のことだ。

参戦すべきかどうか、議論が沸き起こった。海軍軍人のなかにも、ヨーロッパの戦争に巻きこまれるなぞ考えもしなかった人が多かった。

だが、「東亜および印度地域の平和確保」という、同盟の大方針にもとづく英国にたいしての情誼もある。それに、ここで一と旗あげて成功すれば、日本の近くからドイツの根拠地を一掃できるという思わくもあった。大隈重信内閣は参戦を決意、八月一五日に対独最後通牒を発する。

海軍は、すかさず艦隊を戦時編制に切りかえた。三日後の大正三年八月一八日付で、8表のようなフリート組織をこしらえたのだ。

日露戦争いらい九年ぶりの戦時編制だったが、あのときと同じように、第一艦隊と第二艦隊のなかは整然と戦隊に区分された。さっき書いたように、新たに水雷戦隊も編

8表　第1次大戦初期の艦隊

T・3・8・18現在	第1艦隊	1戦隊	摂津　河内　安芸　薩摩
		3戦隊	金剛　比叡　鞍馬　筑波
		5戦隊	矢矧　平戸　新高　笠置
		1水戦	音羽　第1、2、6、17駆逐隊
	第2艦隊	2戦隊	周防　石見　丹後　沖島　見島
		4戦隊	磐手　八雲　常磐
		6戦隊	千歳　秋津洲　千代田
		2水戦	利根　第9、12、13駆逐隊
		付　属	特務艦　掃海隊　艦隊航空隊
	特務部隊		関東丸　八幡丸　測量班
	第3艦隊		対馬　最上　淀　宇治　隅田　伏見　鳥羽　嵯峨
第1南遣支隊（T.3.9.14編成）			鞍馬　筑波　浅間　第16駆逐隊
第2南遣支隊（T.3.9.26編成）			薩摩　矢矧　平戸
特別南遣支隊（T.3.10.1編成）			伊吹　筑摩　日進
遣米支隊			出雲　浅間　肥前

飛行機搭載実験中の「若宮丸」艦上

成されている。さらに、また、超新顔ともいうべき、「艦隊航空隊」と名づけられた、「若宮丸」を母艦とする飛行機部隊が第二艦隊に編入された。

特務部隊が設けられているが、一見してわかるように、軍艦以外の後方支援部隊だ。「関東丸」は日露戦争の分捕り船で、元「マンチュリア」。この戦争では工作船として大働きをするのだ。「八幡丸」は病院船である。

前年の大正二年八月に、英国で巡洋戦艦「金剛」が竣工し、これは、三六センチ砲を搭載する、当時、世界最大の主力艦であった。回航されると、その年一二月から、「金剛」は第一艦隊旗艦として全軍の先頭に立った。司令長官は、日本海海戦のさいのGF参謀長、加藤友三郎中将。麾下には戦艦「薩摩」「摂津」、巡洋戦艦「筑波」、それから一等海防艦で元・戦艦の「石見」「周防」が配されていた。

この六艦で、三年度初頭から内地の巡航訓練、朝鮮、中国沿岸への警備行動に日を送っていた。そんな途中、大戦が勃発したというわけであった。第二艦隊のほうは、友サンの三年後輩、加藤定吉(さだきち)中将が〝シチ〟(司令長官の略語)だった。

日本の対独宣戦は八月二三日に発せられた。友三郎中将は、第一戦隊の「摂津」に乗りかえてこれを一Fの艦隊旗艦にする。定吉中将は、それまで第一艦隊にいた「周防」が二Fにうつされたので、この「周防」を艦隊旗艦兼第二戦隊旗艦として出陣にそなえた。

こんどの戦争は、日本にとって本腰を入れて戦う戦争ではないと陸軍も海軍も考えていたので、大本営は設置されなかった。したがって、日清日露の場合のように連合艦隊を編成することもしなかった。

青島攻略戦に艦隊協力

海軍についていえば、当面の敵、ドイツ東洋艦隊は装甲巡洋艦「シャルンホルスト」「グナイゼナウ」と、「エムデン」ほか二隻の軽巡、数隻の砲艦、駆逐艦だけだったからだ。「シャルンホルスト」「グナイゼナウ」は一万一六〇〇トン、二三ノット強、二一センチ砲八門をもつ新鋭強力艦ではあった。だが、対するわが海軍は、新旧あわせれば戦艦一五隻、巡洋戦艦、一等装甲巡洋艦とで一五隻の、段違いの勢力を保有していた。GFなんぞと、大げさに騒ぎたてる必要はなかったのだ。

さて開戦されると、海軍には二つの大きな作戦目標があたえられた。一つは、陸軍と協同して青島要塞を攻略することである。ドイツは明治三一年三月、中国に対し、強引に膠州湾租借条約に調印させると、青島に堅固な要塞を構築した。そして、ここを軍港化し、東洋艦隊を派遣していたのだ。

要塞攻撃にあたるのは、神尾光臣陸軍中将がひきいる第一八師団だった。

ところで、開戦当時、ドイツ艦隊主力は出港していて所在がはっきりつかめていなかった。これでは安心して船団も送れない。そこで、東シナ海、黄海方面を制海し、わが航路の安全をはかるため、第一艦隊がその責に任ずることになった。「摂津」以下の戦艦、巡洋戦艦の艦隊は、敵にくらべて強力にすぎるほど強力である。

定吉中将の第二艦隊は、陸軍上陸作戦に直接協力する任務をあたえられた。第二戦隊も第四、第七戦隊も日露戦争時代の旧式艦だったが、八月二七日には膠州湾の全面封鎖を終わり、国内外にそれを宣言した。

第二艦隊に護られた陸軍は九月二日から山東半島の北岸に上陸を開始し、着々と青島の背後に迫っていった。艦隊も師団の進撃に呼応して、海岸の砲台や堡塁に砲撃をくわえる。また、この作戦では〝海軍陸戦重砲隊〟という珍しい部隊が参加、攻撃に協力した。日露戦争のとき旅順口閉塞隊で戦った正木義太中佐（のち中将）が隊長で、九月三日から第二艦隊に付属されたのだ。

隊員五〇〇名の大半は砲術学校普通科砲術練習生から成る優秀兵だった。主要兵器は、旧式ではあったが、一五センチ砲四門と一二センチ砲四門。これらは三〇センチ、三六センチ砲がデカイ顔をする軍艦でこそ小鉄砲（こでっぽう）だが、陸上に移せばなかなかの大鉄砲なのである。陸軍の期待にそう大威力を発揮した。

さらにまた、艦隊航空隊の実戦初参加が開始されたのは九月四日からだった。しかし、この日は天候が悪くて初めての偵察飛行なのに成功しなかった。翌五日に、日の丸をつけた海軍機が、膠州湾と青島上空を縦横に飛びまわって綿密な偵察を行ない、砲台などを爆撃した。

飛行したのはファルマン水上機二機だったが、偵察の結果、巡洋艦「エムデン」はすでに脱出して湾内にはいないことが確認された。この報せをうけて、定吉二F長官は大いに満足し、中央に提出した報告に「……勇敢ナル偵察ニヨリ敵情ヲ詳悉シタルコトヲ喜ビ、特ニ敵弾ヲ冒シテ爆弾投下ヲ決行シ彼ノ心胆ヲ寒カラシメタル三勇士ノ動作ヲ壮トスルモノナリ」と記して、航空隊を賞めたたえている。

包囲攻撃は進捗し、やがて一〇月二九日から陸海空をあげての総攻撃が展開された。孤立無援におちいったドイツ軍は、ついに一一月七日、降伏したのだった。

これで、まず、艦隊の初期目的の一つは達成できた。わが方の艦艇の損害は一隻だけだった。日清戦役いらいの老雄「高千穂」が、三〇歳の高齢にもかかわらず膠州湾哨戒の任務に従事中、水雷艇「S90号」の雷撃で残念にも沈没してしまった。

南遣支隊、「シュペー」を追う

日本海軍の、いま一つの作戦目的はドイツ東洋艦隊を撃つことにあった。といっても、同盟国イギリスには、最初そんなことまで頼むつもりはなかった。通商保護だけやってくれればよいと考えていたのだ。だが、フォン・シュペー中将のドイツ艦隊が太平洋上に逃れ、姿をくらましてしまうと、あわてて日本艦隊の対独艦隊出撃を懇請してきたのである。彼らには、なかなか身勝手なところがあった。

日本側は、シュペー艦隊の主力すなわち「シャルンホルスト」「グナイゼナウ」らは、南洋群島のどこかにいるであろうとふんでいた。

わが首脳部はまたも議論のすえ、九月三日、艦隊を出撃させることに決定し、一四日に、山屋他人中将のひきいる臨時編成「第一南遣支隊」が横須賀を出港した。マーシャル群島から東カロリン、それから西カロリン諸島をぐるっと索敵する。貯炭所などがあったら、これも破壊し敵艦隊への補給を絶つのが目的だった。

この方面は、シュペー艦隊にもっとも遭遇する可能性が高いと考えられたので、精鋭な艦艇が充当された。8表をもう一度見ていただきたい。第一艦隊から、新品の巡洋戦艦「鞍馬」と「筑波」を引き抜いて支隊の主柱にしたのだ。速力はちょっと劣っているが、大砲は三〇センチ砲だし、排水量もまさっており、「シャルンホルスト」「グナイゼナウ」両艦と対決するのに不安はない。

それと同様な目的をもつ艦隊として、もう一つ「第二南遣支隊」が編成され、一〇月一日、松村龍雄少将の指揮で佐世保を発った。

こちらは、戦艦「薩摩」が主力だった。三〇センチ砲四門、二五センチ砲一二門、排水量一万九三五〇トンと、体は大きく腕っぷしは強いが、速力が一八ノットでかなり遅い。逃げられるおそれは多分にあった。

第一支隊が東から回ったので、松村支隊には、「最初西カロリンへ行き、敵状によりニューギニアに進出してオーストラリア艦隊と策応行動せよ」の命令があたえられた。

ところが、戦争勃発時、シュペー中将は「シャルンホルスト」に座乗して「グナイゼナウ」とともに、東カロリン諸島のポナペ島にいた。それから八月二二日まで、エニウェトク（ブラウン）環礁に移りひそんでいたあと、マーシャル群島東部のメジュロ環礁へ向けて出発してしまっていた。そして、さらに東方洋上へと脱出する。すべて、南遣支隊が内地を発航する前のはなしだ。

そうとは知らないわが艦隊は、既定の計画どおり索敵巡航をつづけていった。むろん、敵はいない。けれど、一〇月一九日までには、ヤルート、クサイ、ポナペ、トラック、サイパン、ヤップ、パラオなど、赤道以北のドイツ領南洋群島をすべて占領することができた。戦後、大正八年のベルサイユ条約で、これらの島々は日本の委任統治領となり、のちのちわが対米戦略上の重要拠点になるのである。

遣米支隊、編成

いっぽう、主力部隊と別行動をとった三〇〇〇トンの軽巡「エムデン」は、九月の初め、ベンガル湾に現われ、ここに来る船を片っぱしから撃沈しはじめた。これは連合国側にとって一大脅威となった。

英国シナ艦隊も、ドイツ東洋艦隊を撃破するため行動していたが、それに協同するため、日本から巡洋戦艦「伊吹」と軽巡「筑摩」がくわわった。この二隻は、加藤寛治「伊吹」艦長が統一指揮して八月下旬、シンガポールへ向かったのだが、当時の状況から「エムデン」

撃滅対策に追われることになった。そこで、さらに「日進」も追加され、一〇月一日、「特別南遣支隊」が編成されたのだった。が、あいかわらず指揮官は加藤先任艦長で、この部隊には専務の司令官は置かれなかった。

「エムデン」はなおも猛威をふるいつづけた。一〇月二八日には、三本煙突を四本煙突に見せかけ、夜明けのペナン港へ侵入してロシア艦「ゼムチーグ」を撃沈し、帰りがけの駄賃にフランス艦「ムスケ」を撃ち沈めた。その前後にも多数の船舶を捕獲、撃沈していたのだが、一一月九日の未明、ココス島沖に投錨、陸戦隊を揚げて無線電信所を破壊していたとき、とうとう豪州装甲巡洋艦「シドニー」につかまり、襲われた。

「エムデン」も砲火を開いたが、なにしろ小艦のこと、抗しきれず、ココス島に座礁して白旗をかかげ降伏したのだった。

じつはその前夜、わが「伊吹」は「シドニー」といっしょに船団護送に従事していた。そこへ、ココス島から緊急電が入ったのだが、電文が理解できず、「シドニー」に出し抜かれてしまったのである。「エムデン」に撃沈されたフネは、商船だけでも一六隻、七万トンにたっしたといわれている。

そして、さらにいま一つ、一一月一九日に、臨時の艦隊が編成された。シュペー艦隊が、九月一四日、サモア島アピアを出港したとの重要情報が入り、アメリカ方面へ進出するおそれがあると推測されたからだ。

それより前、大正二年暮れから、森山慶三郎艦長の装甲巡洋艦「出雲」が米国西岸に派遣されていた。メキシコに革命が起き、その警備に出かけていたのだ。そこで、戦艦「肥前」を増派し、第一南遣支隊から「浅間」をまわして三隻とし、「遣米支隊」を編成することにしたのである。一二月には森山大佐が少将に進級するので、そのまま「出雲」艦長から司令官にくり上げられた。

この支隊の任務は、カナダのエスカイモルトを根拠地とするアメリカ西岸の通商保護にあった。しかし、敵艦隊との戦闘は起こらなかった。でも、それは、ほかの第一、第二南遣支隊も同様だった。

サモアを出たシュペー艦隊はその後、タヒチ、マルキーズ諸島などを経て、チリーのコロネル沖へ出現したのだ。

シュペー中将は、ここで、一一月一日、クラドック少将の英国艦隊と戦って大いにこれを破った。それからさらに、ケープ・ホーンを回って大西洋へ出る。一二月八日早朝、フォークランド島の襲撃をねらった。そのとき、スタデー中将のひきいる巡洋戦艦「インビンシブル」以下のイギリス強力艦隊と激戦を交え、シュペー艦隊はほとんど全滅させられてしまった。

太平洋の制海権は、連合国の手に帰した。というわけで、わが出征艦隊はドイツ艦隊にまみえることなく、任務終了となったのである。

大正四年二月、第一、第二南遣支隊の役務は解かれた。遣米支隊だけは、英国の希望と「浅間」座礁事件などのため、一二月中旬まで、北米沿岸に残留して任についていた。

初の実艦的射撃訓練

太平洋洋心方面へ出かけていた出征艦隊が帰り、大正四年二月になると、戦争中ではあったが、艦隊はまたもとの訓練艦隊にもどった。

第一艦隊司令長官は、この年九月から吉松茂太郎中将にかわる。もう、年度作業はあらかた終わっていたが、艦隊は珍しい射撃訓練をした。伊勢湾へ入った第一艦隊は一〇月四日、廃艦になった日露戦争での捕獲戦艦「壱岐」を標的に、実弾を撃ちこんだのだ。高爆発力弾丸が、戦艦にどんな効果をもつかを知る実験だったが、こういう実艦射撃はわが海軍では初めてだった。

日露戦争で大砲の威力を確認した日本艦隊は、その後も訓練の中心に砲術をすえ、懸命に射撃術力の向上をはかっていた。巡洋戦艦「比叡」も大正三年八月に竣工して艦隊に編入され、姉妹艦「金剛」といっしょに、四年度からは本格的な艦隊訓練に入っていった。

戦艦の主砲と副砲を、同一舷の目標に向け同時に射撃する方法、「金剛」「比叡」の同型艦二隻で、一目標に集中射撃を実施する方法とかの演練がはじめられた。射撃を開始してからできるだけはやく命中弾を得るには、どのように射撃指揮をすればよいか。弾着観測上、あまりたくさんの大砲が一隻の敵艦に集中しすぎてはまずいので、射撃艦数は最大どのくらいにすべきか、などの研究も行なわれた。

そして、この年度から、指定された高速力で指定時間を運転する機関科の戦闘訓練すなわち〝戦闘運転〟も、砲術科の戦闘射撃とかさねて実施されるようになった。艦をあげて訓練する。そのほうが、いっそう実戦に近くなるからだ。魚雷戦は、当時まだまだ、実際にもまた認識のうえでも、砲戦の補助の域を出なかった。

予定の訓練作業を終えると、一〇月一八日から一一月一日まで、三年ぶりに大演習が行なわれた。例によって二つの軍勢に分かれるのだが、青軍の総指揮官には一F長官の吉松茂太郎中将があてられた。麾下の部隊は第一戦隊、第三戦隊、それから第一水雷戦隊と第三水雷戦隊だ。

赤軍の総指揮官は名和又八郎中将（のち大将）である。第二戦隊と第四戦隊、水雷部隊は二水戦と四水戦、さらに財部彪中将（のち大将）の第三艦隊の一部も赤軍に入っていた。ほかに、臨時部隊として、鎮守府から集めてきた艦艇で「内海艦隊」を編成し、これも赤軍の支隊になって参加した。

大演習に飛行機大活躍

四年度大演習は、戦時下のことなので、大筋の計画は統帥部でたてるが、あとは各指揮官独自の作戦で実施するようにしたのだという。この点が、従来の大演習と趣きが異なるところだった。

一〇月一八日未明、各艦隊と各鎮守府・要港部は統監部よりの電命で戦時状態に入った。横須賀軍港へ集合していた青軍艦隊は、陣容をととのえて出港する。二二日まで、伊勢湾付近の海上で各部隊ごとに編隊訓練を実施し、二三日に第一期演習を終了した。そのあと、艦隊は索敵行動をとりながらしだいに南下、さらに反転北上して瀬戸内海へ進航した。

いっぽう、名和中将の赤軍・防御艦隊は佐世保軍港に集結し、演習開始まえ、すでに港口に防材を厳重敷設して、青軍・侵入艦隊にそなえていた。一八日の戦闘開始とともに名和部隊は佐世保軍港を抜錨する。寺島水道付近より編隊訓練を行ないつつ沖縄方面へ向かい、青軍と同様、二三日に第一期演習を終わり、前進根拠地の奄美大島に集合した。

第三艦隊も一八日に呉軍港を発し、広島湾へ出動する。また、内海艦隊も行動を開始してもっぱら呉軍港防備の配置につき、二三日までは、両艦隊各個の訓練にしたがった。

つぎは、二四日からの第二期演習だ。瀬戸内海へ侵入した青軍艦隊は、呉軍港一帯の海面を封鎖する作戦に出た。奄美大島にいた赤軍はこの報せを聞くと、呉軍港を救うため急遽引き返す。そして、青軍艦隊の背後を衝こうと策した。財部第三艦隊も封鎖を破って呉軍港港外に躍りいで、両艦隊が呼応して侵入艦隊を挟撃する態勢をとった。

これを知った青軍艦隊も、赤軍の来攻を猛然阻止しようとする。壮烈な激戦が豊後水道から土佐沖にかけて戦われた。

青軍には運送船「高崎」が、赤軍には「若宮」がそれぞれ水上機母艦として付属し、ファルマン水上機二機ずつが演習に参加した。青軍機は敵主力部隊が佐伯湾に碇泊しているのを発見したし、赤軍機も敵母艦「高崎」を見つけ、爆撃するなど双方大活躍をした。

風速一二メートル以上、波高は二メートルを越えていた。当然、飛行不能と思っていたところへ偵察報告がとどいたので、両軍の司令部は大喜びしたそうだ。飛行機が大演習に参加したのは、これが初めて。しかも、悪天候のなかを四時間も飛んだので、講評で大いに賞められた。センダンはフタバより……というところであろう。

二八日に第二期演習は中止の命令が下ったが、日本海海戦を偲ばせるような風があったといわれている。

翌二九日から、いよいよ第三期演習にうつった。青・赤艦隊はあらためて発令された想定にもとづいて、おのおの行動を開始した。そして、最後の勝敗を決すべく、両軍主力の決戦が紀淡海峡に展開されたのだ。演習終結が下令されたのは、三〇日黎明であった。

潜水艇も風浪をおかして演習に活動した。赤軍に属する第四水雷戦隊というのが潜水部隊だ。当時は、まだ潜水戦隊とはいわなかったのだ。潜水艇の能力は地道に進歩しており、艦隊も対潜警戒を考慮せざるを得なくなった。大正五年度からは、警戒航行序列に対潜直衛配備、航空機の配備などが定められる。潜水艇のほうにも、警戒厳重な航行艦隊を襲撃する訓練が課されるまでになっていった。

ジュットランド海戦の戦訓

その大正五年、大戦の本舞台・ヨーロッパで大海戦が起きた。わが艦隊にはまったく関係がなかったのだが、規模といい、戦いの内容といい、日本海軍としても重大な関心をよせざるをえないものがあった。経過のあらましを駆け足でみてみよう。

それは、五月三一日から六月一日にかけて、北海はジュットランド半島のはるか沖合で生起した。いうまでもなく、英・独両艦隊のあいだで戦われたのだが、空前の大艦隊どうしの海戦だった。

イギリス「大艦隊（グランド・フリート）」の勢力はジェリコー大将の主力部隊が戦艦二四隻、巡洋戦艦三隻、装甲巡洋艦八隻、軽巡一二隻、駆逐艦五二隻、偵察部隊・ビーティ中将麾下に戦艦四、巡戦六、軽巡一四、駆逐艦二七隻である。対するドイツ「大海艦隊（ハイ・シー・フリート）」は、シェア中将が直率する主力部隊として戦艦二二隻、軽巡六隻、駆逐艦三一隻、それからヒッパー中将の偵察部隊に巡洋戦艦五隻、軽巡五、駆逐艦三〇が属していた。

英国艦隊の総数一五〇隻、独国艦隊は九九隻である。日露戦争・日本海海戦のさい、参加した水雷艇以上の艦艇は、日本側一〇五隻、ロシア側三八隻なのだから、はるかに隻数の多い激突だったわけだ。しかし、両軍とも、基地を出撃するときは、たがいに相手が少数兵力だと誤判断して出動し、たまたま超大艦隊のぶつかり合いになってしまったのだ。

五月三一日午後四時すこし前、ビーティ中将とヒッパー中将の両巡戦部隊の発砲で戦いは始まった。このとき、距離は約一万五〇〇〇メートル。ドイツ艦隊の射撃速度ははやく、正確だった。たちまち命中弾が出、英巡戦「インディファチガブル」は弾薬庫に引火して爆沈し、二五分後には、「クイーン・メリー」も沈没してしまった。この間に、ビーティ提督は水雷戦隊の突撃を命じ、そのため両軍の水雷戦隊は大乱戦を演じた。

午後六時すぎ、こんどは主力部隊も戦闘に加入する。フッド少将の戦隊は、ヒッパー中将の旗艦「リュッツォー」に命中弾をあたえて行動不能にしたが、フッド少将の乗艦「インビンシブル」も敵弾をうけて轟沈してしまう。ついで、戦闘は六月一日よなかの夜戦にうつり、イギリス駆逐艦群はドイツ艦隊に近接して旧式戦艦「ポンメルン」を撃沈する。

前日夕方から始まった戦いは、両艦隊の何回かの接触、離隔によって断続的に火花が散った。だが、やがて、英国艦隊は戦務の不手ぎわから部隊が分散してしまった。それを好機に、戦勢非とみた劣弱なドイツ艦隊は戦場を脱出、母港への針路をとる。それに気がつき、ジェリコー大将の英国艦隊も、やむなく基地へ向かって変針したのだ。

こうして、両軍ともかなりの戦果をあげながら、結末はシリ切れトンボになり決戦は成立しなかった。

とはいうものの、残された教訓は大きかった。海上戦で勝利を得るには、大きい艦に大きい大砲を載せることが必要であると、日露戦争の戦訓についで、またも世界各国の海軍に再確認させる結果をもたらした。日本も、以後ますます大艦巨砲の路線を邁進して行く。

「インビンシブル」ら三隻の巡洋戦艦が、あっけなく撃沈された事実は痛烈な戒めとなった。砲戦距離がいちじるしく伸びたので、飛んでくる弾丸は、大きな角度をもって上から落ちてくる率が高くなってきたのだ。当時、設計中だった戦艦「長門」は急遽防御力が強化されることになり、とくに砲塔天蓋や弾薬庫上部など水平防御が強められた。

なぜ「八・八艦隊」だったのか？

加藤友三郎海軍大臣

ところで、大正の初年から一〇年ごろまで、海軍部内でも部外でも「八・八艦隊」という言葉が声高に叫ばれていたようだ。艦齢八年未満の戦艦八隻・巡洋戦艦八隻を根幹とし、それに巡洋艦や駆逐艦ほか各種艦艇を補助部隊として付属させた艦隊、ざっとこういう意味だ。

明治四〇年に初めて国防方針が定められたとき、こんな艦隊を整備しようとしたのだが、最終艦齢を二五年としていた。それを、八年から九年の三期に分け、まず第一期に最新鋭の八・八艦隊をそろえ、古くなった順に繰り下げていき、都合、三コの八・八艦隊をそろえようと意図したのだ。

しかし、これは大変な事業である。つくるのにも、また維持していくのにも膨大な金がかかる。そこで当面、戦艦八隻、巡洋戦艦四隻の「八・四艦隊」から出発することにした。加藤友三郎海軍大臣はこの案を総理に提出したが、ゴタゴタのすえ、大正六年の第三九議会でやっと承認された。

予定どおり計画が進行すれば、大正一二年末に「扶桑」「山城」「伊勢」「日向」「長門」「陸奥」「加賀」「土佐」の戦艦八隻が、そして「榛名」「霧島」「天城」「赤城」の四巡洋戦艦が、堂々と海上に浮かぶはずだった。それから八・六艦隊、さらに八・八艦隊へと、財布と相談しながら海軍軍備を充実していこうというもくろみであった。

では、なぜ、八・八艦隊だったのか？　七・五とか、あるいは九・六艦隊ではいけなかったのか。

軍備は、平時から、明瞭に敵と目される国もしくはいずれ敵となるかもしれない国の軍備をにらんで、周到に準備する必要がある。

しかも、戦をはじめたら勝たなくてはならない。そのためには、相手国と拮抗するか、それを凌駕する兵力量が望まれる。といって、量を多くすればかならず勝てるというものでもない。たとえば、艦隊にしても軍艦の隻数をふやすだけでなく、性能のすぐれた艦をそろえ、整頓して運用しやすいように編成することが重要だ。阿部誠雄氏は『日本海軍艦隊論』(昭和九年・政教社刊)のなかで、そんな意味のことをいっている。したがって八・八艦隊は、量的な理由からではなく、純粋に作戦用兵上の見地から、艦隊編成の原則によって計画されたのだという。

そういえば、日露戦の名参謀・秋山真之が海大で「海軍基本戦術」を講義したなかに、艦隊編成法をとりあげていた。

「現時ノ軍艦ヲ以テ制規ノ隊形ヲ形成セシムルニ列艦ノ距離四〇〇メートルトスレハ、一箇戦隊ノ艦数ハ八隻ヲ以テ最大限トス」「之ヲ超フルトキハ隊列延長シテ指揮運用ニ不便ナルノミナラス、敵ニ対シ適当ノ戦闘距離ニ近キ全隊ノ攻撃力ヲ均一且ツ極度ニ発揮セシムルコト難シ」と言っている。

そうして、ひとつの攻撃目標に、同時にふり向けうる部隊の最大限度は八隻編制の戦艦戦隊二コが限度で、三コ以上を一指揮下で同時使用することはほとんど不可能と断じた。また、八隻編制ならば、必要に応じ、二分して四隻の小隊をつくることもでき、さらに二分していけば二隻の分隊から単艦にまで細分しうる。これは、作業や戦闘上まことにぐあいがよい、と彼は述べるのだ。

こういう考え方が、秋山中佐ひとりのものか、それとも、当時の海軍に共通の考え方だったのか、筆者にはまだよく分かっていない。が、ともあれ、〝八・八〟編制がさけばれたのは、このへんに根源があったのではなかろうか。

第一、第三特務艦隊編成、出動

ドイツの東洋艦隊が撃滅され、青島要塞が陥落すると、大正四年、五年の日本艦隊は、連合国海軍の一員でありながらかなり平和な雰囲気にひたっていた。だが、あけて六年になると、どうも、そんな安穏は許されない事情になってきた。

原因はドイツの潜水艦と武装商船だ。

大正三年一一月、イギリスが北海を経済的に封鎖したため、ドイツは報復の手段として四年二月、イギリス海峡とイギリス周辺の海域では、連合国の船舶だけでなく中立国の船舶をも潜水艦攻撃する戦法に出た。

この作戦と並行して、ドイツは〝武装商船〟を使い海上交通破壊を行なう手段もとった。といっても、大戦中は「怪汽船出没！」というだけで、正体はこちらにはよくわからなかったらしい。しかし、その怪汽船による被害が相当大きかったので、連合国側はすこぶる手を焼いた。

「メーヴェ」とか「ウォルフ」とか「ゼーアドラー」とか、戦後になって跳梁バッコぶりが明らかにされ、一躍有名になった武装商船もあった。

たとえば「ウォルフ」。六〇〇〇トンの船体に大砲、魚雷発射管、機雷はもちろん水上偵察機一機まで持つ、立派な仮装巡洋艦だった。大正五年、ふつうの貨物船に化けてキール軍港を出港すると、英国艦隊の厳重な封鎖を破って大西洋に打って出、大正六年に入ってからは喜望峰をまわってインド洋へ出現した。

そして、アデン、コロンボ、ボンベイ沖に多数の機雷を敷設する。こいつに引っかかった連合国の汽船は多かった。さらに偵察機を飛ばし、汽船を何隻もつかまえては軍需品を略奪したのち撃沈する。つづいてオーストラリア方面へまわると、またも主要地点に機雷を敷設して歩いた。それからフィジー、サモア方面に出没し、こんどはシンガポール沖に機雷を投げこんで、七年二月、悠々とキール軍港へ戻っているのだ。神出鬼没、まことに人をくった大胆不敵さであった。この間の撃沈被害、約一三万トンだそうだ。

こんなことをされて、日本海軍もだまっているわけにはいかなかった。大正六年二月七日、軽巡「矢矧」「対馬」「新高」「須磨」と第二駆逐隊で「第一特務艦隊」をとりあえず編成する。小栗孝三郎少将（のち大将）が司令官になって、南シナ海、スルー海、インド洋方面の通商保護作戦に従事することになった。のちにもっと大きい「出雲」「日進」「春日」もくわえられた。

六月に入ると「対馬」「新高」は、イギリス喜望峰艦隊の根拠地・サイモンスタウンへ行き、軽巡「ケント」や「チャレンジャー」などといっしょに、南アフリカ沖の哨戒にしたがう。このあたりは名だたる荒海だ。「対馬」「新高」は三三〇〇トンと柄が小さいので、大揺れにゆれ、行動はすこぶる困難だったようだ。

おなじ二月七日、巡洋艦の「平戸」「筑摩」の二隻は、オーストラリア、ニュージーランド方面へ派遣されて通商保護にあたることを命じられた。山路一善少将（のち中将）を司令官とする「第三特務艦隊」だ。五月一五日にはメルボルンへ到着した。

だが、わずか二隻で、こんな広い海域を警戒するのは容易ではない。そこで山路少将は、二隻ができるだけ分離して行動し、無線を打ったりするなど奇略を案出して、できるだけ多数の軍艦が行動しているように見せかける戦法をとった。

そんな作戦が図にあたり〝怪汽船〟もおびえたか、この方面ではさしたる戦闘も起こらなかった。任務終了となって、第三特務艦隊は大正六年暮れから七年一月にかけて内地に引き揚げてきた。

第二特務艦隊地中海行きの理由（わけ）

さて、問題はヨーロッパ方面への日本艦隊派遣である。

大正三、四、五年と年を追うごとに味方船舶の被撃沈トン数は上がる一方だった。五年には約二七二万トンもの船が撃沈されている。とりわけ、地中海で沈められる商船が多かった。

これでは、英国は干上がってしまう。たまらなくなったイギリスは、正式に日本艦隊の地中海派遣を要請してきた。大正六年一月一五日のことだ。

もともと日本には、そんな方面へ艦隊を送る意図はもっていなかったし、海軍のなかにも、派遣賛成論・否定論の両方がおきた。だが、結局は〝窮境座視するに忍びず〟と、派遣の決定がなされたのだ。

まず第一陣として、巡洋艦「明石」を旗艦に第一〇駆逐隊、第一一駆逐隊が地中海へ向けて出発する。水雷戦隊規模だが、「第二特務艦隊」と銘うち、佐藤皐蔵（こうぞう）少将（のち中将）が司令官になって引っぱっていった。各隊の駆逐艦は「梅」「松」など八隻、いずれも大正四年に完成したばかりの新品艦ばかりだった。

佐藤少将が内地を発つまえ、寺内正毅総理大臣を訪問したさいに、「……ドイツの潜水艦戦に禍いされて連合国は随分危険に陥っている。……若し之を見殺しにして、味方が敗れるが如きことがあったならば、我が国としても折角東洋方面に於て獲得したる利益を失うのみならず、戦敗国としての苦をなめることになるかもしれない……」（有終会『懐旧録』第三集・上）と言われたそうだ。わが艦隊派遣の本音がうかがえる。

第二特務艦隊は四月一三日、マルタに到着した。すでに、二月一日、ドイツは「無制限潜水艦戦」を宣言し、連合国船であろうと中立国船であろうと、英・仏・伊国の近海と地中海東部の立入り禁止地帯で遭遇するいっさいの商船を撃沈しはじめていた。船舶被害は急上昇していた。

英国にはフネはあるが人員が不足しているからと、駆逐艦二隻、トローラー二隻を日本海軍に貸してよこした。そこで、この四隻に日本の士官兵員を乗り組ませ、わが軍艦旗を掲げて行動させることにした。駆逐艦は「栴檀（せんだん）」「橄欖（かんらん）」と命名され、トローラーは「東京」「西京」と名づけられて、佐藤司令官の指揮下に入った。

ただし、戦後になって四隻ともイギリスに返還されている。余談だが「栴檀」と「橄欖」はさすが英国のグンカンだけあって居住設備がよく、これに乗った連中は日本艦の仲間から、だいぶうらやまれたらしい。

佐藤艦隊の護衛作戦はさっそく開始された。マルタを根拠地とし、おもにマルセーユ・マルタ・エジプト間、それからタラント・エジプト間の航路で、護送をすることになった。

日の丸駆逐艦の活躍

五月三日、第一一駆逐隊の「松」「榊」は、イギリスの軍隊運送船「トランシルバニア号」を護衛してマルセーユを出港し、四日朝には、イタリア西北部のサボナ沖にさしかかっていた。雨がいまにも降り出しそうで、強い北北西の風のため白波が立っていたという。

「松」「榊」は警戒を厳重にし、「ト号」の左右なため前に占位していた。と、突然、時刻は午前一〇時二〇分だったが、「ト号」の左船尾に雷撃の水柱が立ちのぼった。かねて定めてあった規約により、ただちに「松」は停止した「ト号」に横づけして救助を開始する。「榊」は速力をあげて敵潜の制圧、警戒につとめ、「松」の救助作業を側面から援助した。

すると、大胆にもドイツ潜水艦はまたも魚雷を発射し、こんどは「松」の前方約一〇メートルのところで「ト号」に命中したのだ。一発では沈没しそうになかったが、二発の魚雷で「ト号」は午前一〇時三五分、ついに沈んでしまった。あやうく「松」も串ざしにされるところだったが、軽傷者三名を出しただけで船体の損害も軽微にすんだ。

「ト号」には約三二〇〇人ばかりの兵員や乗員その他が乗っていたが、「松」と「榊」がそれぞれ一〇〇〇名以上を助け、駆けつけてきたイタリア駆逐艦も協力し、合計三〇〇〇名ほどを救助した。とはいえ、護衛としてついていながら二度までも雷撃をくい、沈没させてしまったわが両艦の乗組員の心は大いに痛んだ。

しかし、敵潜水艦の発見がきわめて難しいことをよく知っているイギリスは、襲撃を受けたことにはとやかく言わなかった。それよりも、被雷後機敏に行動して乗船者、乗員のあらかた九五パーセントを救助したことを高く評価したのだった。第一一駆逐隊司令の横地錠二中佐ほか士官七名、下士官兵二〇名に英国皇室から勲章があたえられた。

ところが、それから間もなくの六月一一日、なんと「榊」が独潜の雷撃をくってしまった。エーゲ海南部のミロス島へ行き、マルタへ帰る途中だった。「松」と横陣で航行していたとき、左舷正横一八〇メートルくらいのところに潜望鏡を発見した。すぐさま「面舵一杯」で回避に入ったがすでに遅く、雷跡は左舷艦首にのびて命中、火薬庫が誘爆してしまった。

さいわい沈没はまぬかれたが、艦橋から前部を大破し、艦長の上原太一中佐以下五九名の戦死者と重軽傷一六名が出た。

八月一〇日には、巡洋艦「出雲」と第一五駆逐隊が来着して艦隊に合同する。艦隊司令部は「出雲」にうつり、英国よりの借入艦もまじえ、佐藤艦隊は一七隻に増えた。後日、「明石」は内地へ一足さきに帰るのだが、艦隊編制は9表のようになった。

第２特務艦隊旗艦となり船団護衛任務につく「出雲」

地中海の三Sに苦しむ

八月下旬、イギリスのカルソープ中将を議長に、マルタで連合国海軍の船団護送会議が開催された。佐藤司令官は開会劈頭、わが艦隊による軍隊運送船の護衛を提案した。輸送の重要度により、護送順位を(1)軍隊運送船、(2)兵器弾薬運送船、(3)客船、(4)通常軍需品運送船、(5)貨物船、(6)空ブネの六種に分けていたが、その最重要船護衛を日本が引き受けようというのだ。

最初、佐藤提案に各国委員は顔を見合わせていたが、イギリス委員がまず賛成し、やがて満場一致で日本案を認めた。日本艦隊は、借りたトローラー以外、新品駆逐艦ばかりで粒がそろっており、地中海到着以後の実績で、乗員の資質、行動が十分に認識されていたからだった。

しかし、地中海での作戦行動は難行だった。夏二、三ヵ月のほかは風波が荒い。三S(Short, Sharp, Steep)といわれる特有の波が、小柄な駆逐艦をもてあそび、傷めつける。波長の短い、先のとがった急峻な波は、全長八〇メートルそこそこのフネには苦手だった。その苦難を押しきって、二万トンを超すような大型輸送船と一緒に、速力をゆるめずジグザグ航行をして見張り、警戒に従事しなければならない。わが駆逐艦のなかには、ひと月のうち二五、六日も行動した艦もあった。

航海中、短艇を波にさらわれなかったフネは一隻もなく、桃型の第一五駆逐隊では全艦がウォーターハンマーで艦底を傷めてしまった。あるとき「梅」「楠」などがドックに入って一ヵ月ほど行動を休んだことがあった。いよいよ出渠というとき、乗員の体重を計ったところ、平均して四キロちかく増加、恢復していたという。いかに彼らが、困苦にたえて航海していたかがわかろうというものだ。

しかも、日本艦隊は最初、対潜水艦戦闘というものをまったく知らなかった。アチラに着いてから、爆雷投下装置を取り付けるしまつだった。もっとも、爆雷は戦争が始まってから、大正五年に実用品が完成したのでムリ

9表　第1次大戦後期の出征艦隊

艦隊	時期	艦艇
第1特務艦隊	T.6.6.1現在	出雲　日進　春日　矢矧　利根　新高　対馬　須磨　第2駆逐隊
	T.6.12.12現在	八雲　春日　筑摩　矢矧　対馬　須磨　淀　第6駆逐隊
	T.7.12.27現在	磐手　矢矧　新高　千歳　明石　第25駆逐隊
第2特務艦隊	T.6.6.20現在	出雲　明石　第10、11、15駆逐隊
	T.7.12.1現在	出雲　日進　第22、23、25駆逐隊
第3特務艦隊	T.6.6.1現在	平戸　筑摩

もないことではあったが。

そして、艦隊では急いで委員を組織し、潜水艦防御網の敷設法などを教えてもらう。さらに英国駆逐艦を実地見学したり、士官を派遣して護送法を実習する。英国駆逐隊の司令をよんで講話をしてもらう。こんなあわただしい状況で、出動していったのだ。のちには、爆雷投射機も備えつけられた。

ともあれ、任務に忠実な日本艦隊が護送に従事するようになってからは、軍隊運送船の被害がめっきり減った。マルタ会議が行なわれるまでは、多くのばあい商船を一隻ずつ護衛していたが、以後は船団を組み、それに護衛艦をつける方法に変わった。駆逐艦の数に不足を感じてきたからだった。

船団の形は▽になるように、前列に多数の船を置き、後方にいくにしたがい隻数を減らす方式にした。前方外側から前列船をねらった魚雷がはずれたとき、後部船に被害をあたえる割合が減少するからだ。

こうして、第二特務艦隊の労多い作戦行動は二年ちかくつづいた。わが艦隊が護衛した船舶数は七八八隻、人数にして約七五万人であった。護送回数では三四八回、対潜水艦戦闘は三六回におよんだ。

うち一三回は有効な攻撃をくわえたと報告されている。だが、戦後の調査によると、どうもわが艦隊に撃沈されたドイツ潜水艦はなかったらしい。佐藤皐蔵司令官も、後日、「確信をもってその成果を言うわけには参りません」と告白している。

「榊」の損傷が、第二特務艦隊出征中の唯一最大の被害だった。

新しい艦隊編成方式

陸に海に、そして初めて空にも戦われた世界大動乱は、大正七年一一月、連合国側の勝利で終結する。日本海軍も、雲煙万里地中海まで出かけて護送作戦に従事した。だが、それは片手間、艦隊の大部分は内地に残って教育訓練にしたがっていた。

ならばそのころの日本艦隊は、どのような目標をかかげて演練につとめていたのか。日露戦争でロシア海軍はダウンしていたが、陸軍側のもつ観点もあり、前にも記したように日本としての第一番の想定敵国はロシアとされていた。次位は日露戦後、急速に海軍拡張に拍車をかけだしたアメリカだ。

というわけで、開戦の場合わが艦隊は、仮想敵国が東洋方面に置いている艦隊をまず撃破し、あるいはその根拠地に封鎖してしまう。それから救援にかけつけてくる本国艦隊を迎え撃ち、撃滅しようという基本的な戦略をもった。

そのあいだ、対馬海峡の交通を絶対確保するのだ。ロシアを第一想定敵とし、大陸を日本の生命線と考えれば当然そうなる。大正六年秋の小演習で、青軍の第一艦隊ならびに鎮海要港部艦艇と、赤軍の第二艦隊ならびに佐世保鎮守府艦艇とが、演習の終期に、対馬水道の海面で対抗戦を演じて仕上げとしているのでもわかる。明治末から大正初期にかけては、わが海軍の対米作戦はまだまだ模索の段階だったようだ。

そこで何はともあれ、日露後から継続実行されていったのが建艦と艦隊の整備である。第一艦隊は戦艦中心の艦隊で進んだ。大正五年度の一Fは、第二戦隊に旧装甲巡「鞍馬」「生駒」を置いたが、一戦隊は新鋭「扶桑」ほか三隻の戦艦で固める。六年度以降になると、この思想はさらに強まり、しばらくは水雷戦隊以外は戦艦だけで編成されるのだ。

「筑波」「生駒」「鞍馬」「伊吹」の、日露戦争後建造の装甲巡洋艦は大正元年八月に、〝巡洋戦艦〟種にうつされた。大正に入ってから竣工した「金剛」「比叡」は生まれながらの巡洋戦艦だ。こんな装甲巡洋艦群すなわち巡戦部隊の運用については、すでに日本海軍は日露戦争でカクカクとした実績と自信をもっていた。

大正五年度以後の二Fは、巡洋戦艦部隊を主柱とするようになる。

そこへもってきて、欧州からフォークランド沖海戦やジュットランド海戦での働きぶりが聞こえてきた。とくにイギリスは、フォークランド沖で、巡戦の長所を発揮させる戦い方をしていた。

そういう戦訓を生かすかのように、わが二Fでは「筑波」級、「鞍馬」級の転換組は使わない。「金剛」級、「榛名」級の新品巡戦ばかりだ。このような二F編成方式は当分つづいた。

予備隊的性格の三F

防衛研究所戦史叢書『海軍軍戦備〈1〉』によると、軍機の指定をうけていた「海戦要務令」に「続篇」の名で改正をくわえたのは大正元年九月だそうだ。このとき、決戦時の艦隊戦闘や駆逐隊戦闘のやり方が示された。主戦戦隊は単縦陣を基本隊形とし、単隊なら〝丁字戦法〟、二隊なら〝乙字戦法〟で戦う。

昼戦には駆逐隊も協力させるが、昼間戦闘で勝負がつかない場合は水雷部隊に夜戦をまかせ、いったん主戦部隊は敵から離れる。そして翌朝ふたたび、砲戦を主とする艦隊戦闘で決着をつけようとする寸法であったらしい。

日本海海戦の延長線上にある戦い方だ。大艦巨砲が最重要視されていた当時としては、うなずき得る戦術思想だったろう。こんな戦闘をしようとしたのが、戦艦中心の第一艦隊であり、高速・軽快でしかも砲力のすぐれた巡戦中核の第二艦隊だった。

10表　大正5年度の艦隊編制(T.4.12.13編成時)

第1艦隊	1戦隊	扶桑　河内　安芸　摂津
	2戦隊	鞍馬　生駒
	1水戦	日進　第1、第9、第12駆逐隊
	4水戦	韓崎　駒橋　第2、第3潜水艇隊
第2艦隊	3戦隊	榛名　比叡　霧島
	4戦隊	矢矧　筑摩
	2水戦	出雲　第10、第11、第16駆逐隊
第3艦隊	5戦隊	鹿島　肥前　敷島
	6戦隊	対馬　新高　利根　明石
	3水戦	春日　第5、第14駆逐隊
練習艦隊		磐手　吾妻

南清艦隊を前身とする第三艦隊は、その性格を受けついでもっぱら中国方面警備の任務についていた。だが、大正五年度から、その任務内容に変更がくわえられた。三Fは「教育訓練ニ従事シ且本邦及支那沿海竝ニ揚子江流域ノ警備ニ任ス」と改められたのだ。

10表を見ていただくと変容がわかる。五年度の艦隊編制だが、以前とちがって三艦隊も、他艦隊同様に戦隊区分されている。第五戦隊は戦艦戦隊、第六戦隊は巡洋艦戦隊だ。

しかし、慧眼の読者はすぐ気づかれたであろう。「利根」

をのぞいて、どの艦も明治三〇年代の旧式艦ばかりだ。それに引きかえ、一艦隊、二艦隊はいずれも明治四〇年代から大正初めにかけての新鋭ぞろい。すなわち、ここで第三艦隊には一F、二Fの予備隊的性格があたえられたのだ。

かつまた、大正四年一一月に改定された「艦隊平時編制」の標準によると、三Fのなかには、ほかに第七戦隊も置かれることになっていた。巡洋艦、海防艦、砲艦を組み合わせて八隻ていどの部隊にするのである。

じつは、この七戦隊が中国警備にあたる部隊だった。だが五年度、七Sは編成されず、六年度にも編成されていない。ただしこの六年には「隅田」「鳥羽」「伏見」の三砲艦が、三艦隊に属さず佐世保鎮守府警備艦として、揚子江流域の警備についていた。七戦隊の初編成は六年一二月一五日になる。

こういうわけで、第三艦隊は(第二線艦隊+外国警備艦隊)の任務をもつことになった。大正五年度・六Sはシンガポールを根拠地に、英国東洋艦隊と南シナ海方面に協同警備行動をとっている。いっぽう「鹿島」を旗艦とする三F主力は内地で訓練にしたがった。金華山沖から紀州灘、土佐沖にかけて展開された秋の小演習には、村上格一中将を長官に赤軍となり、青軍の一F、二Fと戦っているのだ。

方位盤射撃法導入

八・八艦隊建設の前段、八・四艦隊案が議会を通過したのは大正六年六月だ。すでに、

「金剛」「比叡」「榛名」「霧島」の四巡洋戦艦と、「扶桑」「山城」の二戦艦が海上に浮かんでいる。その年一二月一日に編成された七年度艦隊には、「棒名」をのぞいた五新鋭艦が顔をそろえた。艦隊は光り輝いていたことであろう。

そしてそれは、〝建艦〟〝軍艦〟といったフリートの外側だけでなく、兵器・装備とか部隊の編制や訓練方式など、内側にも着々と改良が施され、新機軸が盛りこまれていった。

戦艦・巡洋戦艦に方位盤射撃照準装置の取り付け工事が終了したのは六年六月。前々年の大正四年に試作品を「榛名」につけ、五年度に実験研究の射撃を行なって成績良好だったので、全主力艦に装備したのだ。各艦に備え付けてからの試験射撃では、射程一万五〇〇〇メートルで、遠近散布が四〇メートル、左右散布が三〇メートルの好成績をあげたそうだ（『海軍砲術史』）。

それまでは、砲側照準による砲塔ごとの独立射撃か一斉撃ち方が主だった。大正元年にイギリスで開発されていた方位盤射撃が導入されて、やっと日本海軍の砲術も近代的になったといえるわけだ。伝えられるところによると、ジュットランド海戦でのドイツ艦隊の方位盤射撃は、英国よりもだいぶ進んでいたらしい。

大正六年、「若宮」搭載のファルマン機が、主力艦主砲射撃の弾着観測を行なった。砲戦にわが飛行機が加入するようになった最初だ。そんな飛行機への対抗手段として、軍艦に高角砲を搭載したのは七年だといわれている。「扶桑」型へ八センチ砲四門を備え付けた。

では、水雷のほうはどうだろう。

三二ノットの雷速で、一万メートルを走ることのできる「六年式魚雷」が兵器に採用されたのは、名称のとおり大正六年だ。従来の四四式では、一万メートルを走らせるには二七ノットしか出せなかった。優れた六年式の装備は主力艦、巡洋艦、駆逐艦、潜水艇と、ほとんど全艦種におよんでいった（『海軍水雷史』）。

さきほど書いたように、わが海軍では決戦時の戦闘のやり方として、昼戦――夜戦――再昼戦をもくろんでいた。

夜戦の主役になるのが、こういう新しい魚雷をかかえ、各艦隊に分属していた水雷戦隊だ。が、襲撃効果をあげるには、その配下の駆逐隊を何コ隊とすべきか、さらに駆逐隊を構成する駆逐艦は三隻がよいか四隻が適当なのか？　この問題は、一〇〇〇トンをこす大型駆逐艦が現われるようになってから、さかんに論議されるようになっていた。

一次大戦中の艦隊でも、編成の試行がくり返された。大正三年度から七年度までの艦隊には、かならず一コの水雷戦隊が編入されている。水戦中の駆逐隊は二コ隊のものあり、三コ隊、四コ隊の場合もある。

また、一コ隊の駆逐艦隻数も二隻から四隻の範囲で変化させている。ある年度の駆逐隊では、大きさの異なる一等駆逐艦と二等駆逐艦をまぜて編成する試みもした。決戦部隊の水雷戦隊編制が確然とさだまるのは、ずっと後のことだ。

航空術も発達する。

大正三年の青島戦のとき、初めて艦隊航空隊を編成して戦い、大いに成果をあげていた。

その後も順調に飛行機隊は育って、ついに、五年四月一日、横須賀海軍航空隊が開設された。いうまでもなく、最初のわが〝海軍航空隊〟だ。

当時、横空には「練習飛行機隊」のほかに、「第一飛行機隊」と称して、実戦訓練をする隊も置かれた。しかし、なにぶんにも東京湾の入口海面では、軍艦を稽古相手にするのは難しい。そこで、艦隊航空隊を編成して艦隊の指揮下に入れ、軍艦から飛ばして飛行訓練をしようということになった。

さっそく五年の秋、例の「若宮」を母艦に、横空・第一飛行機隊は海上訓練に入った。そのころは、洋上偵察と対潜哨戒が主要項目だった。こういう、臨時に〝艦隊航空隊〟を編成する制度は、以後も毎年つづけられる。秋とか夏、三、四ヵ月くらいを飛行機乗りたちは艦上に暮らして、海上実戦飛行の演練にいそしんだ。水上機ではあったが、〝空母部隊〟の萌芽といえる。

最新鋭の巡洋艦４隻から成る第３戦隊の旗艦「榛名」

戦利艦Uボートを研究

大戦が始まったとき、ドイツは、就役している潜水艦を二八隻、建造中のもの一七隻を保有していた。それが、戦争中、大拡張をかさね、海上交通破壊戦でイギリスをたじたじのところまで追いこんだ。

元来、ドイツは、潜水艦方面では後発海軍だった。なのにこういう芸当が可能だったのは、たんにディーゼル・エンジンの本家本元だっただけでなく、造船の周辺技術、周辺工業力がとりわけ優れていたからだろう。潜望鏡もジャイロコンパスもバッテリーも、よその先進国は遠く及ばなかったといわれている。まして、当時の日本はぜんぜん問題にならなかった。

開戦時、日本海軍の潜水〝艇〟部隊は全一三隻だった。艇は水上排水量六〇トンから三〇〇トンくらいの大きさだ。毎年度、これらを三コか四コの潜水艇隊に編成して、もっぱら呉方面で訓練していた。

ところがヨーロッパ方面では、北海に地中海に、独潜は牙をむき出して猛威をふるっている。いつまでも瀬戸内で〝お池のドン亀〟でもあるまいということで、大正四年度からは、二コ潜水艇隊が艦隊に組み入れられることになった。外洋航行中の艦艇攻撃訓練をしようというのだ。

スコードロンにまとめて艦隊に編入するのだが、当時はまだ潜水戦隊とはよばず、第四水雷戦隊の名称で毎年艦隊訓練に参加した。艦隊平時編制のうえでは、一応、四水戦は第一艦隊に入るよう定められていた。しかし、一つしかない潜水部隊なので、年度がかわるたびに、二Ｆ、三Ｆとうつって教練に従事していた。

ならば、池から外海へ出たドン亀隊はいったいどんな訓練にはげんだか？　大正四年度の主な実施項目を見てみると、

一、直衛を配備した敵艦隊の襲撃法
一、隊を組んだままの潜水艇隊による敵航行艦襲撃法
一、編隊を解いた、単艦潜水艇による敵航行艦襲撃法
一、外洋における潜水艇の使用法
などなどがあげられていた（『日本海軍潜水艦史』）。

さて、第一次世界大戦にはわが潜水艇の出番はなく終わるのだが、戦後、戦利品として捕獲されたUボートが勝利国間で分けられた。日本へは七隻である。どれも、水上排水量は五〇〇トンから一二〇〇トン。わが潜水艦より大きかったばかりでなく、いまも書いたように技術的に学ぶべき点が非常に多かった。

詳細に調査研究したのち、条約にしたがって廃棄したが、成果は後日の日本潜水艦発達にはなはだ役立った。とはいえ、潜水艦戦からの戦訓の汲み上げ方には、多分に一面的なきらいがあったようだ。二〇数年後、そのため日本海軍は非常に苦しむことになるのである。

脅威──米海軍大拡張案

わが国が初めて国防方針と兵力量、用兵綱領を定めたのは明治四〇年だった。しかし、それから一〇年もたつと、日本をめぐる天下の形勢も日本じしんも少なからず変化した。

アメリカは、イギリスにつぐ世界第二の海軍国をめざして急膨張をはかり出していた。同じようにドイツも、海軍大拡張を志していた。だが、世界大戦が始まると、大正三年、ドイ

ツ東洋艦隊は連合国軍に撃滅され、中国・青島にきずいていた根拠地も日本軍に攻略されてしまう。

英国は一時、あわやというところまで追いこまれたが、連合国は協力して態勢をたてなおし、六年すえごろには勝利の目はなもついてきた。国防方針では、想定敵国をロシア、アメリカ、ドイツ、フランスとしていたが、となれば当面、すくなくともわが海軍にとって、ドイツは目の上のタンコブではない。

また、四年には、〝対支二一ヵ条要求〟という、中国にとってはじつに受け入れがたい条件要求をつきつけ無理やりのませた。当然、中国は日本にたいして反発し、抗日の気運がもりあがる。

そんな国際情勢から、大正七年、国防方針などに第一回の改定がなされることになった。仮想敵国は独、仏がのぞかれて新たに中国がくわえられ、露、米、支の三国になった。

このころの米海軍の拡張ぶりには、目を見はらせるものがあった。大戦開始時、すでに建造中のものをふくめ、新式戦艦一四隻をもっていた。さらに戦争中、ダニエルズ海軍長官が議会に提出した一大拡張案のあらかたが承認された。戦艦一〇、巡洋戦艦六、甲級巡洋艦一〇、駆逐艦五〇、潜水艦六八、そのほか砲艦、駆逐艦母艦、潜水母艦、特務艦など一四隻である。金にあかしたその計画は、まったくとほうもないでかさだった。

だが、アメリカ自身が参戦したため、予定は思うように進捗しなかった。しかし、戦争が終わり、ダニエルズ計画が完成すれば、英国海軍を追いぬいて世界第一位の海軍になったであろうことは、間違いないところだ。

であれば、露、米、支三ヵ国のなかで、日本海軍が米国を主想定敵としてしっかり見据えなければならなくなったのは当然だった。明治末期から大正初めにかけての対米模索時代をすぎ、明瞭に〝第一主敵アメリカ〟と意識したのは、この第一次大戦終末期前後だったといわれている。

〝潜水戦隊〟誕生

事あったばあい、日本も、どえらい海軍を向こうにまわさなければならなくなったものだ。大戦の片棒をかつぎ、勝ったからといってとてもうかうかしてはいられない。

終戦をもう目前にした大正七年九月、瀬戸内西部で行なわれた艦隊の戦技、基本演習なんかも、かなり激しく実施されている。

「……昨日（二日）は午前八時迄に由宇沖を出で、午前中安芸灘にて高速力の艦隊運動をなし、午後飛行機、水雷戦隊と共同して潜水艇隊との対抗演習をなし、続て更に高速力の運動を続行し、夜に入りては水雷戦隊と、飛行機を敵として対抗戦を演習し、暗中飛行機が艦隊の上に吊光弾を投じて、所在を味方駆逐隊に知らせをして、猛襲せしむる壮烈の光景実戦同様に勇しく御座候。同夜一二時過迄に各隊佐伯湾に入港致候。……」と、第一艦隊長官の山下源太郎大将が息子さんにあてた手紙からも、激しさがうかがい知れよう。

貧乏な日本海軍は、艦隊がいったん錨を揚げたらつぎの入港まで、燃料的にも効率を最高度に発揮するため、寸時を惜しんで訓練した。そして練度を向上させ、量にまさる敵をたおすべく、それを伝統的な訓練手段としたのだ。

かつて日露の戦いで、日本海海戦に砲術の力で大勝したわが海軍は、この第一次大戦でも、世界最大規模の海戦といわれた〝ジュットランド海戦〟に強い関心をもった。その経過は、これまで歩んできた大艦巨砲主義の路線に誤りのないことを確認させ、ますます猛進させることになる。

戦訓から、主力艦群による〝大集中・大遠距離射撃〟の方式が強く唱道されるようになるのは、海戦の翌年六年だ。多勢の敵にたいしたとき、味方がやられないうちに敵艦に打撃をあたえ、勝利への糸口をつかもうとすれば、こういう考え方に行きつかざるをえまい。

大正八年四月、巡戦「金剛」は砲戦に係留気球を利用する方法を試みている。砲身に大仰角をかけて遠距離射撃を行なうさい、空中高く揚げた気球から弾着を観測し、射撃指揮に使おうというのだ。この年、後半には「扶桑」「山城」「日向」「伊勢」の四戦艦と、「榛名」「霧島」「比叡」「金剛」の巡戦群が艦隊に勢ぞろいし、三隻による集中射撃の訓練を実施した。

あくるとし九年には、第二艦隊第三戦隊の「比叡」はとくに命じられて研究射撃と称し、最大射程での大遠距離射撃を行なった。距離は一万八九〇〇メートル。しかも、主砲八門を一度に発射する〝斉発撃ち方〟の演練だった。ジュットランド海戦での砲戦距離が、一万四〇〇〇から一万七〇〇〇ちかくだったそうだから、それよりも遠くへ撃とうというわけだ。

それから、「伊勢」では〝主砲長時間射撃〟という研究も実施している。発射は一門につき一五発。あげられた成績は、斉射間隔が二四秒、毎回発射弾数が平均五・二四発、射撃時間は一一分であった（『海軍砲術史』）。ふつうの教練射撃や戦闘射撃では、数発しか発射しない。この研究射撃で、砲塔や弾庫、火薬庫員の疲労度や、弾薬供給法の適否とか射撃精度の持続度を調査したのだ。

いっぽう、水雷部隊関係では、大正七年、八年にかなりの改革が行なわれた。

それまでも、駆逐隊は数隊ごとにまとめて、各鎮守府に本籍を置いていた。しかし、番号何番の駆逐隊はどの鎮守府に置籍する、といった特別なきまりはなかった。が、七年四月から、

第一～第一〇駆逐隊　横須賀鎮守府

第一一～第二〇駆逐隊　呉鎮守府

第二一～第三〇駆逐隊　佐世保鎮守府

第三一～第四〇駆逐隊　舞鶴鎮守府

と定め、システムに規則性をもたせた。これで、兵員がかぶっている水兵帽の前章(ペンネント)に書かれた駆逐隊番号から、所管鎮守府がわかる。つまりは、その駆逐隊の特性や気風までもが、あるていど推察できる副産物も生じた。

潜水艦のほうも同様、改定があった。従来は潜水艇、潜水艇隊とよんでいたのを、大正八年四月に潜水艦、潜水隊と呼称がえした。潜水隊につける番号も駆逐隊にならい、鎮守府べつに付与していった。こんな駆逐隊、潜水隊への番号付与規準はその後、太平洋戦争中まで

つづく。さらに、潜水艇隊と母艦とで編成していた第四水雷戦隊も「第一潜水戦隊」と改称し、ドン亀部隊も駆逐艦部隊の軒先からはなれて、本格的に一本立ちしたのである。

対米基本戦略定まる

ジュットランド海戦やフォークランド沖海戦など、海外から多くの貴重な戦訓がとどき、国内でも国防方針、兵力量、用兵綱領の改定が終わった。艦隊の増強も着々と進んでいる。そんな態勢をいちど総括し、将来への資を得る必要が考えられたのであろう、大正八年秋、特別大演習が実施された。

飛行機も潜水艦も進歩はいちじるしい。巡洋艦や駆逐艦も一段と大型化してきている。もう日露戦争の時代とはちがう。海岸から遠くはなれ、洋中での作戦を研究しなければならなくなっていた。アメリカとの戦争を考えればなおのことそうだ。その場合、わが艦隊がどのような戦略で戦うかの基本方針が定まったのは、だいたいこの時期だといわれている。

(1)まず、開戦劈頭、東洋へ来ている米国艦隊を撃滅し(主として第二艦隊が担当)、陸海軍協同でルソン島を攻略する(海軍は、主として第三艦隊が担当)。

(2)本国から来攻する艦隊を迎え撃つため、前哨線を小笠原列島、伊豆諸島の線にしき、それより西で決戦する(第一艦隊に第二艦隊が協力して)。このため、連合艦隊は奄美大島付近に集中、待機する。

こんな作戦であったようだ。

大筋として、こういう思想は太平洋戦争までつづくのだが、大正八年大演習は、対米艦隊決戦を意識した最初の実動演習であったろう。特別大演習と銘うったのは、天皇みずからが演習を統裁したからだ。演習にさきだち、六月一日、例によって第一艦隊と第二艦隊とで連合艦隊が編成された。

一〇月一二日から第一期演習が開始されたが、一六日まで、参加各艦隊は個別に広島湾や豊後水道方面で基本演習を行なっている。

第二期からが本番だ。一F長官の山下中将（翌年大将）が司令長官を兼ねる連合艦隊が青軍・攻撃軍となり、黒井悌次郎中将ひきいる第三艦隊が赤軍・防御軍になった。一七日から一九日まで、索敵、接敵、漸減戦が演練されている。

この二期演習で、青軍は大捜索列を張って索敵したが、その第三戦隊後方に「若宮」が艦隊航空隊を載せて参加していた。発進した水上機は、行動半径ギリギリの一五〇カイリまで進出したが敵を発見できない。搭乗員・酒巻中尉（宗孝・のち中将）は燃料不足で帰れなくなるのを覚悟でさらに前進したところ、まもなく赤軍主力を発見したという（『海軍航空史』〈1〉）。手柄は大いに賞された。

この演習ばかりでなく、大正四年の大演習時といい、青島戦のときといい、新進航空機はつぎつぎと有効打を放っていた。

二四日は早朝から両軍艦隊出動、房総沖はるかで最後の仕上げ対抗戦を演じた。空砲による砲撃戦を開始したのは、一四五〇（午後二時五〇分）ころだった。が、そのとき突然、第一戦隊三番艦「日向」の第三砲塔に爆発が発生、天蓋が吹きとぶ椿事が起きてしまった。即死者一一名を出したが演習はつづけられる。午後四時すぎ、ようやく終了して両軍艦隊は横須賀へ向かった。

夢「八・八・八艦隊」

さて、そんなあいだにも、「八・八艦隊」の計画は段階をふんで着々と実現に向かっていた。さきほど、第一段階の八・四艦隊のことは書いたが、つづいて大正七年、「八・六艦隊」の予算が成立する。一二年末には「八・四」計画の艦に追加して、巡洋戦艦「愛宕」「高雄」が出来あがる予定になった。

そして、ついに、戦後の大正九年、八・八艦隊の予算が成立した。これで、計画が達成されれば一六年（じっさいは昭和二年）度末に、艦齢八年以内の戦艦「長門」「陸奥」「加賀」「土佐」「紀伊」「尾張」「第一一号艦」「第一二号艦」それから巡洋戦艦「天城」「赤城」「愛宕」「高雄」「第八号〜第一一号巡戦」の各八隻が、ピカピカに勢ぞろいするはずであった。

しかし、これはずいぶんベラボーな計画だったと思う。問題は金である。主力艦の有効艦齢二五年を八〜九年区切りにし、第一線艦隊には、第一期（八年）のなかにある新品ばかりをそろえようというのだ。となると、毎年、二隻から三隻を起工していかなければならない。

しかも、主力艦ばかりつくっても艦隊は成り立たないのだ。周りをかため、裾野をひろげる各種の補助艦艇が多数いる。そのうえ、海に浮かんだ艦隊を維持していくためにはたえず手入れ、修理が必要であり、訓練するには艦に燃料をくわせなければならない。当時すでに、ボイラーは石炭焚きから重油焚きにかわりつつあった。が、日本に石油はない。

資源もなければ、まだ発展途上で、外国から金をかせぐ手だても十分ではなかった。なのに、大戦による好景気から、一般の国民はけっこう強気で海軍の政策を支持していたらしい。しかし、新鋭艦がぞくぞく誕生するからといって、国の財布をあずかる大蔵当局は、手ばなしで喜んではいられなかった。

戦争勃発の翌大正四年度の、総予算に占める海軍予算の割合は一四・五パーセントだったが、九年度には三〇パーセント、一〇年度には三二・五パーセントにはねあがってしまう。さらに、その上に陸軍費がかぶさってくるのだから、一〇年度軍事費の比率は四九パーセントにのぼってしまった。こんなに増加してはたまらない。いかに〝国防のことは重要〟といっても、なんとか考えなければならない重大事態だった。

にもかかわらず、海軍はさらに、なんと「八・八・八艦隊」を構想したのだ。八・八艦隊の兵力につけくわえて、同じく艦齢八年以内の戦艦かまたは巡洋戦艦八隻を持とうというのである。八・八艦隊予算が成立する前年、大正八年にもち上がったはなしだ。軍備の相対性はわかる。けれど、明敏をうたわれた海相の加藤友サン、こんな膨大な艦隊をどうやって持ちこたえていくつもりだったのだろう。あのやせている体が折れてしまうではないか。

受け入れがたし――劣勢比率

大正一〇年秋も深まった一一月、日本海軍は強烈な地震にみまわれた。名づけて『ワシントン軍縮会議』という。前年の冬あたりから英国を震源地に弱震が始まっていたが、米国がこれにのせられて強震を起こし、思いもよらぬ激震となって日本を襲ったのだ。

会議の結果、英・米・日各海軍の主力艦、航空母艦の保有量比は「五・五・三」の割合にきめられた。というより、日本には受け入れがたい、対英・対米各六割の劣勢比率が強引に押しつけられた。主力艦とは航空母艦をのぞく、一万トンをこえ、または二〇センチをこえるの大砲を積む軍艦と定義づけられた。

会議が始まったじぶんには、わが八・八艦隊も建設が着々と進行していた。総計一三億円の巨費を投じ、戦艦・巡洋戦艦の主力艦だけでなく、補助艦船艇をふくむ二五〇隻建造一一ヵ年計画を、さっきも書いたように、大正一六年度(じっさいには昭和二年度)までに達成する予定になっていたのにである。

条約の要部を簡単にまとめてみよう。

(イ)三万五〇〇〇トン以上の軍艦はつくらない。
(ロ)積載大砲は口径四〇センチまで。
(ハ)英・米主力艦は各五二万五〇〇〇トン、日本は三一万五〇〇〇トン、フランスとイタリアは対英三割三分六厘の一七万五〇〇〇トンに制限する。それ以外の主力艦は全部廃棄。
(ニ)向こう一〇年間は主力艦の建造を中止。
(ホ)ハワイなど一部をのぞいて、太平洋諸島の防備を制限する。

と決定された。

日本側全権としてワシントンへ乗りこんだのは、加藤友三郎海軍大臣だった。いままで八・八艦隊さらには八・八・八艦隊の推進に懸命の努力をはらってきた海相が、一転して劣勢比率条約を受諾せざるを得なかった。

戦後の大正八、九年ごろから物価の高騰はいちじるしかった。国家の財政的負担、国力を考えれば、無念ではあるが大局的に六割でガマンしなければならなかったのだ。海大校長から首席随員として会議にのぞんだ加藤寛治中将（のち大将）は、強硬な〝六割反対派〟だった。が、奮闘むなしく刀折れ矢つきた。帰国してから東郷元帥に報告したとき、元帥は「軍艦に制限をうけても、訓練に限度はなかろう」と、加藤カン中将を慰めたというのは有名な話だ。

条約の発効は大正一一年八月一七日からだったが、営々築きあげつつあった八・八艦隊計画は一挙に吹ッとんでしまった。日本海軍が保有を認められた主力艦は、戦艦「扶桑」「山城」「伊勢」「日向」「長門」「陸奥」の六隻と巡洋戦艦「金剛」「比叡」「榛名」「霧島」の四隻だけだ。海軍軍人たち宿願の夢は消え、六・四艦隊のむかしに逆もどりしたのだ。

しかも艦齢は二〇年に延長され、許された範囲の改造でロートル艦隊を維持していかなければならなくなった。だが反面、大正一一年度の海軍費は総予算の二六パーセント、翌一二年度には一八パーセントに下がり、国の財布が楽になったことも確かであった。

対米七割なら勝てる

イギリスは、世界大戦に勝つには勝ったが、いちじるしく疲れた。戦前までのように、世界第一位の海軍を持ちこたえるためには、何とかしてアメリカに追い抜かれないように建艦競争で勝ち、かつ、とみに力を増してきた新進日本を押さえこまなければならない。そこで考えついたのが国際的軍縮政策だ。

米国にはたらきかけ、米海軍力を英海軍力と同等に保つ。両国ならんで世界一位にたち、日本には犠牲を強いて劣位に追い落とそうというのである。それも、イギリス、アメリカのそれぞれが単独に日本と事をかまえても、安全なレベルまで押し下げようとしたのだ。

高木惣吉・元海軍少将の『自伝的日本海軍始末記』によれば、大正九年の一一月ごろ、米海軍のヤーネル、パイ、フロスト三人のエリート士官が、『対日渡洋作戦』という機密文書を共同著作した。そのなかで、三人は（米対日）の比率は（一〇対七）以上の優位をアメリカ海軍が保たねばならない、としていたそうだ。ということは、渡洋作戦で彼らが勝つためには、日本海軍力を六以下に押さえこむ必要があることになる。

いっぽう、日本でも想定敵国海軍に勝利するには、どのくらいの兵力量が必要か、かねてから研究していた。

これまで、本〝物語〟にも時どき顔を出していた佐藤鉄太郎中将が、こういう研究の旗がしらの一人だった。海主陸従の軍備を主張し、日本の国防第一線は海洋との立場をとる彼は、古今のあらゆる海戦史を研究した。

そして、「進攻艦隊は邀撃艦隊にたいし、五割以上の兵力優勢を必要とする。したがって、防守艦隊は想定敵国の艦隊にたいして七割以上の兵力を確保する必要がある」（防研戦史『大本営海軍部・連合艦隊〈1〉』）との結論に達したのだそうだ。

佐藤中将とならぶ戦史研究家・秋山真之中将も、同じような「七割論」をもっていた。彼は日露戦争まえだけでなく、戦後も二年ばかり海軍大学校の教官をしている。「アメリカと戦うような場合があるとして、少なくとも勝敗の算五分五分となるべき兵力は何程であろうかが検討された結果、敵の兵力の七割あれば斯くあり得る」（同前）と、甲種学生たちに教授していたようだ。

佐藤中将も海大教官をつとめ、海大校長にもなった人物だ。両者の思想「七割必要論」が甲種学生を通じて、海軍部内にひろまっていったであろうことは容易に想像できる。また部外でも、大正から昭和にかけて活躍した著名な海軍記者・伊藤正徳氏も「七割論」の支持・主張者であった。

日本海軍はワシントン会議で、専守防衛上最低七割は必要と叫んだが、ついに通らなかった。主力艦に関する〝日米口鉄砲（くちでっぽう）海戦〟に敗れてしまったのだ。

第一想定敵国アメリカ

明治四〇年に決定された国防方針などに、第一回の改定がなされたのは大正七年だった。いうなのに、それからわずか四、五年のち、またまた見直しをしなければならなくなった。

までもなく、原因はワシントン軍縮にある。

だが、原因はそれだけではない。

日・英・米をふくむ九ヵ国で、中国の独立、領土保全と中国にたいする門戸解放政策をたがいに約束する「九ヵ国条約」が、軍縮条約と同時に調印された。明治三五年いらい、日本が外交の基本線としてきた日英同盟も廃止される。大正一〇年一二月のことだ。

日本は存続を望み、イギリス内部にも存置論、廃止論の二つがあったが、対米顧慮もあって打ちきられた。同盟廃止と引きかえに、日、英、米、仏間で太平洋の平和確保を協定する「四ヵ国条約」が結ばれた。

戦中、戦後の数年で、日本をめぐる世界情勢は音をたてて変わってしまったのだ。

大正一二年二月、帝国国防方針など改定。

従来の仮想敵国順位、〃露・米・支〃は入れかわって〃米・露・支〃の順になった。

その数年まえの大正七年、鈴木貫太郎サンが練習艦隊司令官になってアメリカ西岸へ航海したことがあった。サンフランシスコで彼は、「日米戦うべからず。太平洋はトレードのための海。もし、ここを軍隊輸送に用いるならば、両国はともに天罰をこうむるであろう」と、一席スピーチをぶったそうだ。条約に調印した加藤トモ海相も、むろん避戦・不戦派。だが、軍縮会議でのアメリカのやり口から、陸海軍の統帥部には対米不信がはなはだしく強まった。

「米国ハ輓近国力ノ充実ニ伴ヒ　無限ノ資源ヲ擁シテ経済的侵略政策ヲ遂行」（同前・改定国防方針）すると、わが統帥部は見た。そして将来、「我ト衝突ノ可能性最大ニシテ且強大ナル国力ト兵備トヲ有スル米国ヲ目標トシテ主トシテ之ニ備ヘ」（同前）るべし、と決定するに至ったのだ。

ロシアは革命による崩壊後、産業は荒れて国力も消耗しているし、中国は国内の統一を欠いており、単独ではわが国に対抗する力はないとの判断だ。すなわち〝米・露・支〟。いかにも当然のような順位決定だが、「アメリカ第一想定敵国」は、海軍軍令部の主張によるものだったといわれている。

さきほど、条約で認められた一〇隻の主力艦名をあげたが、このうち「陸奥」は、じつは廃棄対象になっていた。それを、米に三隻、英に二隻の新艦建造を許すなど、スッタモンダの交渉のあげくかろうじて残された経緯があった。

ほかには、航空母艦三隻、巡洋艦四〇隻、水雷戦隊と潜水戦隊の旗艦が一六隻、駆逐艦一四四隻、それに潜水艦八〇隻が、改定された国防所要兵力として決定された。

いざ、アメリカと戦さ、というときは、この兵力で主力量一・七倍の彼らと戦わなければならないのだ。まえの第一次国防方針改定のさい海軍は、望むことではないが、もし事あった場合の第一主敵はアメリカになろう、と意識していた。だが、ワシントン会議以後は、いずれいつかは日米激突の日がかならず来る、との考えをもつ分子が増えだしたのである。

艦隊編制のやりくり

ではそんな当時、大正一〇年代のわが艦隊編制はどんな有様だったか見てみよう。

11表　艦隊平時編制の標準と実際

「艦隊平時編制」標準				大正11年度の艦隊（T.10.12.1現在）
第1艦隊	第1戦隊	戦艦、巡洋戦艦	4隻	長門　伊勢　陸奥
	第2戦隊	巡洋戦艦、戦艦、 巡洋艦	4隻	金剛　比叡　霧島
	第3戦隊	巡洋艦	4隻	球磨　多摩　大井　木曽
	第1水雷戦隊	巡洋艦 駆逐隊	1隻 4隊	天龍 第15、25、26駆逐隊
	第1潜水戦隊	巡洋艦、砲艦、 海防艦、母艦 潜水隊	2隻 3隊	矢矧　韓崎 第4、16潜水隊
第2艦隊	第4戦隊	巡洋戦艦、戦艦	4隻	
	第5戦隊	巡洋艦	4隻	
	第2水雷戦隊	巡洋艦 駆逐隊	1隻 4隊	
	第2潜水戦隊	巡洋艦、砲艦、 海防艦、母艦 潜水隊	2隻 3隊	
第3艦隊	第6戦隊	戦艦、巡洋戦艦、 巡洋艦、海防艦	4隻	安芸　薩摩　石見
	第3水雷戦隊	巡洋艦、砲艦 駆逐隊	1隻 4隊	
	第3潜水戦隊	巡洋艦、砲艦、 海防艦、母艦 潜水隊	2隻 3隊	
第1遣外艦隊		巡洋艦、海防艦、 砲艦	8隻	明石　宇治　嵯峨　伏見 隅田　鳥羽
第2遣外艦隊		巡洋艦、海防艦、 砲艦	4隻	
練習艦隊		巡洋艦、海防艦	4隻	八雲　出雲

あちこちに大戦後のふところ具合のわるさ、〃ワシントン・ショック〃の影響が出ている。

戦時でないときの艦隊は、「艦隊平時編制」という標準にのっとって編まれていた。現有艦船の数とか、戦略・戦術思想の変化などによってこの標準もかわるのだが、大正一〇年一二月以降は11表のように定められていた。

しかし、じっさいの編制は標準どおりにはいかない。経費の上からも保有全艦船を艦隊に組みこむことは無理だったし、修理や改造などで役務につけないフネもあったからだ。11表にいっしょに掲げてあるのは大正一一年度（大正一〇年一二月一日現在）の編制状況だが、標準とはだいぶ異なったものになっている。

まず、第一艦隊とならぶ肝心な主力・第二艦隊が空ッポだ。日露戦争で二Fをつくって以来、こういうことはなかったのだが、それにはチョッとしたエピソードがある。

前年度（大正一〇年）の二艦隊長官は鈴木貫太郎中将だった。だが、その年は予算の都合で第一艦隊も二Fも、なかみの各戦隊は二隻編制になっていた。鈴木長官直率の三戦隊にしても、「金剛」「霧島」の二ハイだ。この編成方式に貫太郎氏は不満をいだいたのだ。年度末、彼は加藤トモ大臣にさっそく意見具申におよぶ。

「いかに猛訓練をやろうとも、いまの艦隊編制では小さすぎる。一コ戦隊二隻では、並んでも真っすぐなのか曲がっているのか分からない。最低三隻にすることは訓練上ぜひとも必要だ。経費の問題があるならば、ぜんぶ第一艦隊に集めてやったらよろしい」

と、こういうわけだった。

けれど、二艦隊エムプティは一一年度だけで、翌一二年度にはふたたび復活した。一F・第一戦隊は「長門」「陸奥」「伊勢」「日向」四隻の戦艦、二F・第四戦隊は「金剛」「比叡」「霧島」の三巡洋戦艦。当然あるべき艦隊を一つ減らすとなると、人事・配員上にも種々困ることが生じたからではなかったろうか。

ただし、一F・第二戦隊は〝欠〟にしての編制だった。〝ビンボーはつらい〟というところだ。第二戦隊編成せずの状態は、このあと昭和に入ってからも当分つづくのである。

なお、世界最初の四〇センチ主砲搭載艦「長門」と「陸奥」がそろって艦隊に編入されたのは、この大正一一年からだった。

もう一度、11表を見よう。一一年度には、第二遣外艦隊も編成されていない。

もともと〝遣外艦隊〟とは、第三艦隊がもっていた海外警備の任務のあらかたを、肩がわりさせるためにつくった艦隊だ。初編成は大正八年八月からである。

上海に中枢を置く第一遣外艦隊は砲艦や駆逐艦を主体に、「揚子江流域および台湾、澎湖列島、シナ沿海」が警備行動区域である。

世界大戦中、第一特務艦隊が編成されて南シナ海から印度洋、さらに南アフリカ沖方面へ出ばったことがあり、これは前に書いた。その後身が、もう一方の第二遣外艦隊だ。八年八月九日、千坂智次郎中将を司令官に、「磐手」「利根」という巡洋艦大小二隻の妙な組み合わせで発足した。

警備範囲は、「台湾よりラングーンに至る大陸沿岸、ニューギニア以西アンダマン列島以東の叢島沿海、および台湾、澎湖列島」と定められていた（じっさいは、青島を根拠地に、華北、勃海湾沿岸一帯を警備担当区域として行動した）。

しかし大戦終結後に、日本艦隊がこんな遠くまで、しかも広範な海域を警備する必要があったのだろうか。あるいはそんな理由のためか、二遣外は、大正一一年度に消えると昭和二年度まで編成されることはなかった。

連合艦隊、常時編成へ

〝ワシントン条約地震〟は日本海軍の各部に大きな影響をおよぼした。

いま書いた艦隊平時編制の標準が、大正一〇年八月（実施は一二月一日）から昭和八年まで一二年間かわらなかったのも、大地震の後遺症だ。八・八艦隊、さらに八・八・八艦隊の建設がつづいたとしたら、何度か改められたであろうに、そのまま据えおかれた。

だが、量的に外側の枠をガッチリ固定されてしまった反動として、質的な進歩、改革はいちじるしかった。六割海軍で強大なアメリカにあたろうとすれば、軍備のベクトルは深く内部へ向かわざるをえなかったのだ。

砲術や水雷術など、直接戦闘実力の向上が一段とはかられる。航空や潜水艦への熱意もつよまる。水上艦艇や搭載兵器も、〝個艦優越〟化へといっそうの努力が傾けられた。人事、教育のありかたも変わったし、決戦戦略や戦術思想も変革の模索が試みはじめられた。

明治いらい、海軍兵術の進歩はたゆまずはかられていた。が、それは、砲術中心の比較的せまい路線の上での努力だったといえよう。しかし、ワシントン会議を契機として、大正一〇年代の兵術路線は急速に幅がひろがりだし、かつ、変曲を開始した。

ところで、この変曲カーブの中間点、大正一三年秋に大がかりな大演習が、五年ぶりに行なわれている。過去をふりかえり、新たな針路を見定める意味もあったはずだ。そこで、当時の艦隊の状況あれこれを見るまえに、どんなぐあいに演習が実施されたか、こちらを先に眺めてみよう。

国防方針などが第二回目の改定で、アメリカを第一想定敵国にあらためた翌年のことだ。目的が、対米作戦研究を重大課題としていたのはいうまでもない。したがって、現有艦艇のあらかたを動員して演習に参加させた。

従来、平時の海軍では、それぞれに主力艦戦隊を置いた第一艦隊と第二艦隊は別個に訓練していた。そして、年度なかごろになって、演習のため両者で連合艦隊を編成する方式をとっていた。だが、大正一二年度より、年度はじめから一Fと二Fとで連合艦隊を編んでおくやり方に変えたのだ。〝平常の編制で戦闘にのぞむ〟を建前とする思考にあらためたからだが、ワシントン地震の影響であろう。

一三年度は第一艦隊司令長官に鈴木貫太郎大将、第二艦隊司令長官には加藤寛治中将が補職された。着任と同時に、鈴木大将がGF司令長官も兼務した。「必要ニ応シ連合艦隊ヲ編成ス」るこれまでの原則に変更はない。が、太平洋のウネリは〝常に必要〟を感じさせ、以後、実質的に常時編成となった。世間は大正デモクラシーを謳い、軍人は侮蔑される平和ムードに満ちていたが、逆に、海軍は緊張をつよめたのである。

演習用臨時艦隊――三F

演習は、在役の艦船部隊を敵味方に分けて戦わなければならないが、一三年度には、連合艦隊の対抗軍として臨時部隊が編成された。

ところで、第一遣外艦隊ができ、海外警備任務のあらかたを担うようになってからは、第三艦隊の平時存在意義がうすれてしまった。戦時の予備的艦隊としても、国のふところ具合のよくない時期に常時編成しておく意味は小さくなっていたにちがいない。そんなことから、大正一二年度以降、平時編制標準にもとづく第三艦隊は常置されなくなった。

そこで、演習のとき、臨時部隊に空いている〝第三艦隊〟の名称をかぶせて編成することにしたのである。予備艦や鎮守府所属の艦艇を集めてくるのだが、演習が終わればただちに解隊されてしまう。

大正一三年九月二二日、「伊勢」を旗艦に斎藤半六中将が臨時編成・第三艦隊へ着任した。大演習は一〇月二日から開始された。連合艦隊が青軍、斎藤第三艦隊が赤軍である。一二日までが第一期演習。青赤各軍べつべつに臨戦準備をし、あるいは単独演習をするなど、下稽古に日々をついやした。

「長門」から上げられた観測用の係留気球

いよいよ一〇月一三日から、本番の第二期・対抗演習に入った。

青軍主戦部隊は鈴木GF長官が直率する一F・一戦隊「長門」「陸奥」「山城」「日向」と、加藤長官のひきいる二F・四戦隊「金剛」「霧島」「比叡」だ。建制の水雷戦隊、潜水戦隊もズラッと勢ぞろいする。ほかに、出来たての「鳳翔」や古参

「若宮」も空母部隊として付属された。

対する赤軍主戦部隊は、呉鎮守府予備艦「扶桑」「伊勢」で臨時編成した第二戦隊。こちらにも、同じく〝臨時〟三水戦、四水戦、三潜戦の補助部隊がつけられた。

アメリカ軍になぞらえられた赤軍・斎藤艦隊は一〇月九日、横須賀方面を進発し、東方数百カイリの太平洋に出る。それから西南方へ転向して小笠原の南をすぎ、西航する。奄美大島を前進基地として出撃した青軍・味方部隊は東進し、敵を小笠原南西海面に邀え、艦隊の全兵力を結集して決戦を挑もうというのだ。

青軍の第二艦隊は前衛索敵部隊である。飛行機を発進させて八方を偵察し、一〇月一六日に赤軍艦隊を発見した。いっぽう、潜水艦部隊も赤軍艦隊を発見する。分派された二潜戦の軽巡「平戸」は係留気球を揚げて様子をさぐり、逐一敵情を報告する。この演習では、青軍の戦艦、巡洋戦艦でも係留気球の活用を試みていた。しかしこれは、味方から敵を早く発見できる利点はあったが、同様、向こうさんからも早期に見つけられる欠点があった。

こうして一六日の夜は、まず、青軍水雷戦隊による夜戦に持ちこんでいる。

翌一七日朝から、両軍主力は決戦態勢に入った。午前一一時ちかく、いよいよ砲戦開始。気球を利用した弾着観測、方位盤射撃で戦闘は展開された。

そして合戦中、潜水艦が予想外の活躍をした。砲戦のさなか、赤軍艦隊が味方潜水艦の網にかかり、たちまち主力艦二隻が廃艦を宣告されてしまったのだ。末次信正第一潜水戦隊司令官が一潜戦、二潜戦を統一指揮した効果だった。名潜水艦戦術家としての末次提督の名が高くなったのは、このとき以来らしい。

激戦数時間。午後になって演習は中止になったが、判定は青軍の勝利であった。東郷元帥が青軍艦隊に便乗視察していたのだが、この結果に非常なゴキゲンだったといわれている。

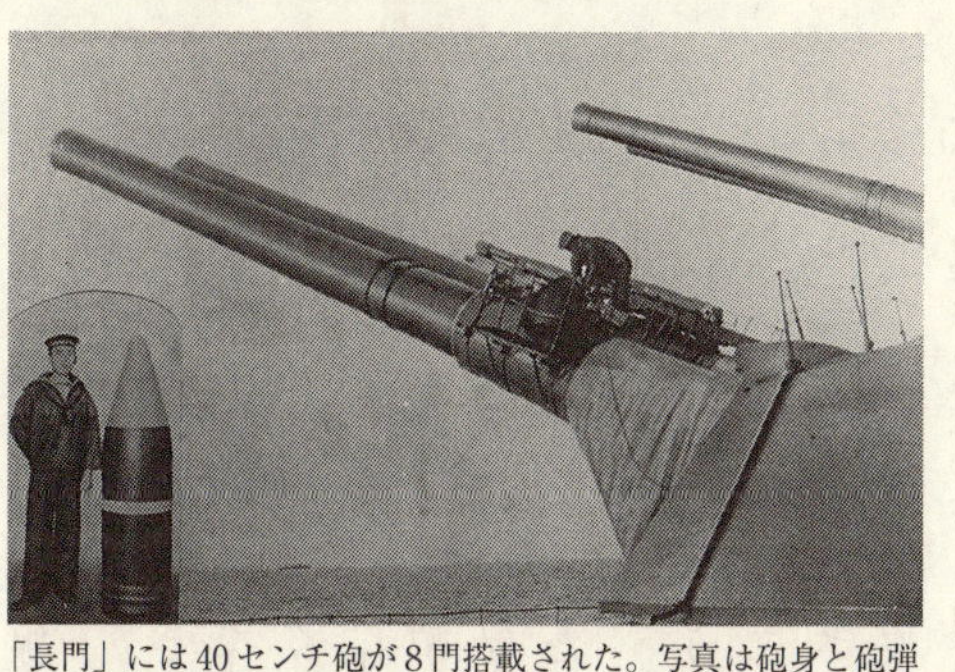

「長門」には40センチ砲が8門搭載された。写真は砲身と砲弾

「安芸」「薩摩」を研究撃沈

ならば、ワシントン会議後はじめての大演習を展開したわが艦隊の常時の訓練内容や練度、兵術思想はどのようなあんばいだったのであろう。

さきほど、〝せまい砲術中心の路線〟と書いたが、テッポー街道驀進、猛進の状況はこんなふうであった。

四〇センチ砲・戦艦「長門」がはじめて艦隊に顔を出したのは、大正九年一二月からだ。一〇年度、さっそく、射程二万四〇〇〇メートルの大遠距離一斉射撃で、初弾夾叉、第三有効弾一発の好成績をあげている。

射撃効果を高めるには、多数弾を一目標に一挙に浴びせるにしくはない。複数艦による〝統一射撃〟が演練されだしたのも、このころからだ。指揮艦からの指令で、二隻あるいは三隻の艦が同時に、同一艦に向けて発砲しようというのだ。号令は旗旒信号か無線電話で下されたが、射撃に無線電話を使用したのも、大正一〇年が初めてだそうだ。

一一年になると、射距離はさらに延伸する。

「長門」　二万七五〇〇メートル
「陸奥」　二万八二八〇メートル
「伊勢」　二万五〇〇〇メートル
「金剛」型　二万四七〇〇〜二万二四一〇メートル

巡戦「金剛」はさらに最大射程を伸ばすため、主砲仰角をいままでの二五度から三三度にあげる工事を始めた。完了したのは大正一四年五月。これで二万八五〇〇までとどくようになった。

しかし、統一射撃はあまりうまくいかなかったのか、大正末年ごろから実施されなくなった。ただし、単艦指揮による二隻集中射撃の訓練は、その後もつづけられている。

それから、一三年大演習にさきだつ九月、貴重ではあるが悲壮な実験が行なわれた。これもワシントン・ショックの余波だ。

長いあいだ、艦隊の柱として活躍してきた戦艦「安芸」と「薩摩」を廃棄しなければならなくなった。そこで、大砲・魚雷の研究に資するため第一艦隊が「安芸」を撃沈し、第二艦隊は「薩摩」撃沈を試みることになったのだ。

房総半島の南、伊豆大島の東海面で実施することになった。射距離は二万メートルほどがえらばれた。「薩摩」へは三六センチ炸薬弾を撃ちこみ、一二発の命中弾を得たが、これだけでは沈まなかった。さらに軽巡の一四センチ砲弾を命中させ、最後に駆逐艦の魚雷で沈没させたのであった。九月二日のことだ。

この対「薩摩」射撃での反省から、「安芸」撃沈には無炸薬弾が使われた。摂政宮のちの昭和天皇も「金剛」艦上から見学されている。「長門」「陸奥」の四〇センチ砲はよく命中したが、至近てまえに落ち、水中弾になったタマの威力も確認できた。この結果が後日、八八式や九一式徹甲弾開発の導因になる。

研究射撃としては上々の成果をおさめたが、かつては自分たちの乗っていた艦をわが手で撃沈するのだ。沈むときにはみな、言葉にあらわせない悲痛な思いにかられ、全員デッキにあがり敬礼して両艦に別れを告げたという。

決戦の準主役――水雷部隊

八・八艦隊建設に邁進していた時代の日本海軍は、主力艦部隊の大艦巨砲による昼間一挙決戦の思想を奉じていた。だが、ワシントン条約によって押しつけられた六割艦隊では、過去の多くの戦例から見て、いかに殊死（しゅし）奮戦しようと勝ち目はない。

しかし、〝参加することに意義あり〟なぞと言っていられないのが戦争だ。なんとか勝たなければならない。そこで思いおよんだ戦法が「夜戦」である。日本海軍は日清・日露のむかしから夜襲が得意であり、また日本人に適した戦い方であると考えていた。

昼間の砲戦決戦にさきだって、まず敵を夜戦に引きずりこんで叩き、あるていど減勢してから翌日、巨砲弾を浴びせて決着をつけようというわけだ。

となると、その主役は水雷部隊だが、幸い駆逐艦の性能も魚雷の性能も、大正初年からぐんぐん向上していた。一一五〇トンの一等駆逐艦「海風」型ができて、大洋に乗り出すことが可能になったのは、戦略上、大いに有利だった。最後の外国注文駆逐艦となった英国製「浦風」(大正四年竣工)は五三センチ魚雷をはじめて積んだ。この魚雷は雷速二七ノットで一万メートルの遠距離まで到達することができた。

大正八年から一二年にかけて竣工した「樅」型は八五〇トンの中型駆逐艦だが、三六ノットの速力を出す。また、さらに大型の一等駆逐艦「峯風」型では、凌波性はいっそう向上され、じつに三九ノットの驚くべき高速を発揮した。

そして、樅型、峯風型などは重油専焼ボイラーで走った。これは、吐き出す煙がうすく、夜戦にはまことに好都合だった。当初、艦型が大きくなると、夜間、敵に忍びよるのに発見される率が高くなるのでは、と心配されていた。しかし、夜襲に好適な晴天の月夜、被発見の原因になるのはむしろ煙突からの煤煙だった。襲撃教練をやった結果これが判明し、以後、駆逐艦は重油専焼による大型化へと安心して進むことができたのである。

ついで、射程二万メートルに達する「八年式・六一センチ魚雷」が、大正一二年から艦隊に供給された。この魚雷は炸薬量も多く雷速も大、とカタログ性能はすこぶるよい。だが、高速で走る実艦から射出すると故障頻発、「戦争の役に立たない」といわれるほど、最初はトラブルが多かったらしい。後日、それも改善されたのだが。

発射訓練でも、大正七年からは実艦的発射が行なわれるようになった。以前は軍艦で標的を曳航し、それに魚雷を射っていた。が、深々度発射が可能になり、実際の航行艦船を目標にしても、その艦底をくぐり抜けられるようになったのだ。戦技はより実戦的となった。

水雷戦隊旗艦も、三〇〇〇トン代の「天龍」「龍田」より大きい五五〇〇トン「北上」型が大正一〇年に出現する。太平洋上を、駆逐艦群を引っぱって走りまわるのにふさわしくなった。

水雷部隊が艦隊決戦の準主役をこなせる条件はしだいにととのってきたようだ。一三年大演習でも、昼間決戦の前段戦として夜襲を試みている。

漸減作戦に潜水艦部隊

これはいわゆる〝漸減作戦〟だが、こういう考え方をさらに推し進め、最終的な砲戦決戦がすこしでも有利な態勢で戦える予備手段は、もうほかにないか。そんな発想から目をつけられたのが潜水艦部隊だ。

アメリカ海軍は対日戦略として、なんと日露戦争中の明治三七年にはやくも「オレンジ計画」と名づけた計画をもっていた。その後、ときおりこれに見直しをくわえていたが、大正一三年改定のオレンジ計画によれば、米本土西岸を発航したアメリカ艦隊は前進根拠地ハワイを経由し、日本近海あるいはフィリピン方面へ押し寄せてくる案になっていたようだ。

米側がこんな戦略をとるであろうことは、日本海軍も予想していたところだった。そこで、わが海軍はハワイを潜水艦で取り囲み、隠密に監視して敵艦隊の動勢をまず探ろうとしたのである。

当時、日本のサブマリン部隊は、仏国のローブーフ型を基本として独自に設計した海中一型潜水艦を、大正八年に竣工させていた。この型は艦隊戦闘での戦術的使用をねらい、一九ノットの好成績を得ていた。これと併行して、イギリスのビッカース社計画のものをそのまま導入した、L一型も国内建造を始めていた。L型潜水艦はいかにも英国式で堅実、実用性が高かった。

海中一型につづいて海中二型、三型が大正一二年までに完成し、L型も四型までがつぎつぎに建造され、最終艦は昭和二年に竣工する。一次大戦終了後のわが潜水艦は、この海中型、L型が主力だった。大正一二年度の艦隊では、第二艦隊に所属する第二潜水戦隊が二月から三月にかけて、南洋方面巡航を行なった。日本製潜水艦の最初の遠洋行動であった。

二潜戦の艦は第一四潜水隊三隻が海中一型と二型、第一六潜水隊三隻が海中三型である。国内で設計、建造された潜水艦の長距離航海テストが目的だった。もともと十分な自信はなかったのだが、案の定の結果に終わった。

呉を出発し、パラオ、トラック、サイパンを経て横須賀に帰ったが、途中、各艦の無線連絡がうまくいかず、バラバラになってしまった。また舵故障や主機械故障を起こし、惨憺たる結末をむかえたと、当時、二潜戦参謀だった山崎重暉少佐（のち中将）は回想している。

だが、この失敗はその後の潜水艦の発達にはよい薬になったようだ。

さて大正一一、一二年ごろのわが潜水艦の使用法は戦術的用法のみで、艦隊決戦時、敵主力艦を迎え撃つことにあった。L型も海中型も、基本的な性能に大差はない。したがって、足の短いどちらのタイプでも、この用途には差しつかえないと考えられていた。

しかし、いま書いたハワイ沖監視の任務を課するとなると、そのゆえに彼らには荷が重すぎた。航続距離が四〇〇〇～六〇〇〇マイルしかないのに、東京――ハワイ間は約三二〇〇マイルもあるからだ。そんな構想をいだいていたところへ完成したのが、航続力のすばらしく大きい海大一型、つづいて海大二型である。12表右側を見ていただくとわかるが、この潜水艦なら重任が果たせそうだ。一型は一〇ノットで二万マイル、二型でも一万マイルを走る。

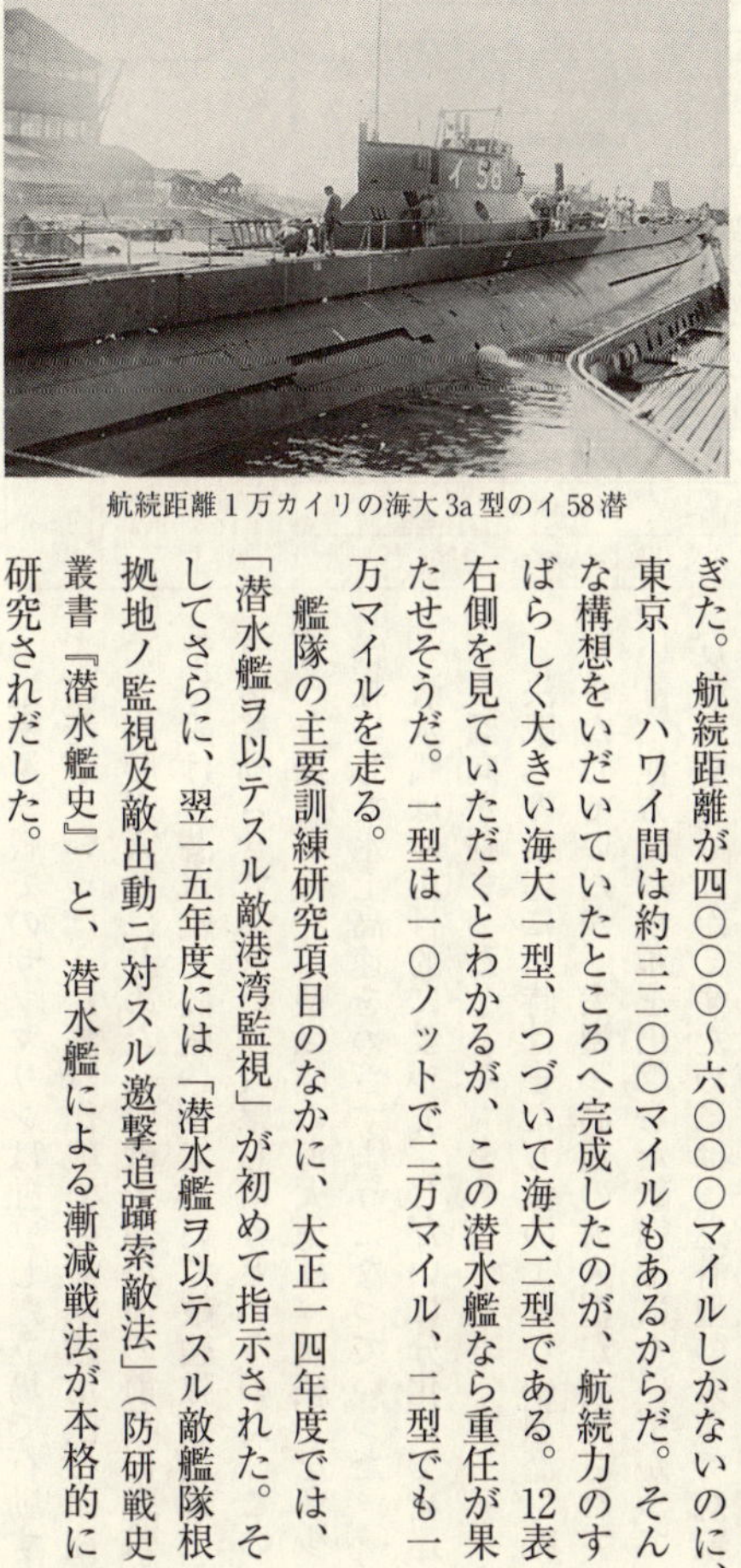

航続距離1万カイリの海大3a型のイ58潜

艦隊の主要訓練研究項目のなかに、大正一四年度では、「潜水艦ヲ以テスル敵港湾監視」が初めて指示された。そしてさらに、翌一五年度には「潜水艦ヲ以テスル敵艦隊根拠地ノ監視及敵出動ニ対スル邀撃追躡索敵法」（防研戦史叢書『潜水艦史』）と、潜水艦による漸減戦法が本格的に研究されだした。

12表　大正末期・昭和初期の潜水艦部隊

編成年月日	編制			
	第1艦隊・第1潜水戦隊		第2艦隊・第2潜水戦隊	
T. 14. 12. 1	第6潜水隊	ロ57　ロ58　ロ59（L3型）	第14潜水隊	ロ26　ロ27　ロ28（海中4型）
	第24潜水隊	ロ63　ロ64　ロ68（L4型）	第17潜水隊	イ51　イ52（海大1型）（海大2型）
	第26潜水隊	ロ60　ロ61　ロ62（L4型）		
T. 15. 12. 1	第24潜水隊	ロ63　ロ64　ロ68（L4型）	第7潜水隊	イ1　イ2（巡潜1型）
	第26潜水隊	ロ60　ロ61　ロ62（L4型）	第17潜水隊	イ51　イ52（海大1型）（海大2型）
S. 2. 12. 1	第24潜水隊	ロ63　ロ64　ロ68（L4型）	第7潜水隊	イ2　イ3（巡潜1型）
	第27潜水隊	ロ65　ロ66　ロ67（L4型）	第17潜水隊	イ51　イ52（海大1型）（海大2型）
			第18潜水隊	イ53　イ55（海大3a型）
S. 3. 12. 1	第26潜水隊	ロ60　ロ61　ロ62（L4型）	第7潜水隊	イ1　イ2　イ3（巡潜1型）
	第27潜水隊	ロ65　ロ66　ロ67（L4型）	第18潜水隊	イ53　イ54　イ55（海大3a型）

型式（トン数）	最大速力（ノット）	航続距離（マイル）
L3型（889）	17.1	5500
L4型（988）	15.7	5500
海中4型（805）	16	6000
海大1型（1390）	18.4	20000
海大2型（1390）	20.1	10000
海大3a型（1535）	20	10000
巡潜1型（1970）	18.8	24400

追躡邀撃戦でのサブマリンは独立した立場で行動するのだが、いっぽう、艦隊作戦での潜水艦用法の研究にも本腰が入りはじめた。決戦予想海面の前程に邀撃帯を設け、潜水艦を散開させておいて敵艦隊を攻撃、急速移動させてふたたび攻撃しようというのだ。このような意図から、二型以降の海大型は、航続力を多少犠牲にして水上高速をめざすようになっていった。

潜水艦は使用目的によって、しだいに分化して発達する傾向が強まった。

決戦への策応に当時はまだL型のような中型潜も幅をきかしていたが、大型・高速の海大型が充実されていく。他方、ハワイを出撃した敵艦隊にくい下がって反覆攻撃をくりかえすためには、巡潜型の大型で航続力の大きい潜水艦が進歩していった。12表をもう一度見ると、大正末から昭和三、四年ころまでの潜水艦用兵の考え方が艦隊編制によく表われている。

油事情が生んだ〝月月火水……〟

〝月月火水木金金の猛訓練〟という言葉は、日露戦争後まもなくの海軍にすでに生まれていたことは、前に書いた。が、本当にそういう猛訓練を恒常的に開始したのはワシントン会議のあと、それも、会議に首席随員として出席し、悲涙をのんで帰ってきた加藤寛治中将が連合艦隊司令長官に就任してからのようだ。〝質をもって量を補う〟の思想で、艦隊の将兵にハッパをかけたらしい。

では、加藤長官以下、どんな訓練をやったのだろう。

日本海軍では、暮れの一二月一日から翌年一一月三〇日までを一教育年度としていた。

その年度、あらたに連合艦隊が編成されると、所属する各艦艇は一二月からあくる年一月までの二ヵ月間、まず本籍を置く軍港で訓練へ向けての出動準備をととのえる。

おわると二月上旬、艦隊ぜんぶが一ヵ所に集合していよいよ「第一期」（前期ともいう）の訓練開始だ。集まる所は九州東岸の佐伯湾、南部の志布志湾や四国の宿毛湾が多かった。ここが艦隊の「作業地」である（第一艦隊と第二艦隊とでは、別行動をとることもあった）。

作業地へ入ると目の前に陸地が見えているのだが、もう兵員に入湯上陸などは許されず、土曜日の大掃除もない。日曜日も午前中は点検やら精神教育の時間にあて、休業は午後だけ。朝から晩までひたすら訓練に励んだ。

そして、機会をつくっては短期間の出動をし、航海中でなければ出来ない訓練を行なった。

昭和初年には、日本艦隊は重油燃料に大きな比重をかける炭油混焼艦隊に変わっていた。だが油資源をもたないわが艦隊は、そのぶん効率よく燃料を使わなければならなかった。だから、動き出すとすぐ訓練をはじめ、入港まぎわまでつづけられた。むろん曜日に関係ない。したがって月月火水木金金の猛訓練は、重油産出のないことが航海中、碇泊中をとわず、そうせざるを得なくしていたともいえるのだ。

いったん錨を上げると、戦闘作業の海上実地鍛練として大砲の「教練射撃」とか魚雷の「教練発射」、機関の「教練運転」……が実施された。三月、四月と精進の日がかさねられ、乗員の練度が高まってくると、よりいっそう実戦に近似させた状況をつくり、訓練が行なわれる。〝戦技〟ともよばれる「戦闘射撃」「戦闘応急」「戦闘運転」「戦闘工作」「戦闘烹炊」などなど、挙艦一致の猛訓練だった。

第一期末に実施されるこういった戦技は「甲種戦技」と名づけられ、主として単艦で、あるいは戦隊のなかだけで行なわれる基本的な、いわば高校生的段階の戦闘作業であった。甲種戦技がすむ時分には、人も艦も疲れる。艦隊は一時解散されて各艦母港へ帰り、小規模な乗員の補充交代をし、兵器の修理や船体の整備をするのだ。

やがて六月を迎えると、英気を養なった各艦はふたたび作業地に集合して司令長官の麾下に入る。「第二期」すなわち後期訓練開始だ。真夏の八月ごろまでは白熱する訓練の連続で、連合艦隊が一年でいちばん忙しい時期だ。

朝、作業地を出港して教練に汗をしぼり、夕方帰ることもあれば、真夜中に錨を抜いて夜間の教練射撃や魚雷を放つ襲撃教練をこなし、昼ちかくにもどってくることもある。計画されていた訓練も順調にすすみ、八月下旬になるといよいよ「乙種戦技」がはじまる。

乙種戦技はいままでの訓練成果を土台に、より程度の高い応用的、研究的な要素もふくむ戦闘作業となっていた。いわばその年度に計画した訓練を総決算する内容だ。したがって規模も大きくなり、戦隊、さらに他の戦隊を合わせた多数艦での訓練となった。大学生的段階である。

さきほどの潜水艦部隊の例でいうと、甲種戦技は警戒航行をしている艦隊にたいし、単艦または潜水隊が単隊かあるいは他隊と協同で魚雷発射訓練をする。いっぽう乙種では、艦隊戦闘を想定し他の水上部隊と協同で戦闘作業を行なったのだ。

第三章　昭和前期の艦隊

〝美保関事件〟の発生

毎年、おなじようなパターンをくり返して艦隊訓練を行なっていたが、それが終わりにちかづくと「巡航訓練」にうつった。

連合艦隊の任務は有事にそなえて「モッパラ教育訓練ニ従事」することにあったが、「兼ネテ行動区域内沿岸オヨビ流域ノ警備ニ従事ス」るのも任務であった。行動区域とは、「本邦、関東州（中国東北部の遼東半島）、委任統治南洋群島、満州、支那、東亜露領沿海オヨビ特ニ令セラレタル海面」が定められていた。

そこで艦隊は警備の名のもとに、こういった海域を訓練かたがた巡航してあるいたのである。後期訓練のときだけでなく前期訓練末期にも巡航に出ることが多く、昭和二年の加藤艦隊は三月下旬から四月上旬にかけて、青島・旅順方面へ行動した。

そのあと、後期での加藤連合艦隊はこんなふうに訓練を行なっている。

昭和二年七月一七日、佐伯湾を抜錨して奄美大島に向かい、ここを根拠地として約一〇日間、付近の海面で激烈な戦技訓練を敢行した。夜間、根拠地に帰って碇泊中も、敵襲にそなえる警戒訓練と称して舷窓やハッチを全部閉めてしまい、外から見るかぎり真っ暗にする。酷熱の時期にそれを一週間もつづけたので、艦内は蒸し風呂のようになり、さすがの将兵たちもまいってしまったそうだ。だが、加藤カン長官は「帝国海軍の作戦は、敵艦隊の掃蕩に先だって暑熱を征服するに在り」と、ついに押し通してしまった。

七月下旬、いったん連合艦隊は佐伯湾に入港したが、八月初旬ふたたび出動して豊後水道海域で戦技訓練を実施した。

そこでの戦闘作業が終わると、八月二〇日には佐世保軍港に全艦隊集合。こんどは日本海側へ向かう途中、五島列島近海で魚雷発射訓練を行なった。このときは二日間、夜を徹して激しい訓練を行なっている。

衝突事故により艦首を破損した「神通」

二二日、艦隊は休養のため島根県・美保関に入港した。だが、訓練はこれからだ。舞鶴、敦賀、函館、横須賀など本州を一周しながら演練をつづけて行くのだ。こういう訓練方式を「移動戦技」とよんでいた。二日間骨を休めると、もろもろの準備をととのえて八月二四日午後一〇時、全艦隊いっせいに錨を巻き上げて出港した。

甲軍と乙軍とに分かれ、夜ふけに連合艦隊基本演習を行なおうというのだ。基本演習というのは、戦略的な演習はしない。「小規模戦術演習プラス戦技訓練」といった場面が多く、年度のかなり早い時期から行なわれ、一年のうち一〇回くらい実施されていた。

一水戦所属の第二六、第二七駆逐隊を第二水雷戦隊に合同させる。そして、「神通」「那珂」の巡洋艦戦隊掩護のもと、敵主力部隊に仮想した加藤長官直率の第一戦隊「長門」「陸奥」「伊勢」「日向」を索敵し、夜襲をかけ魚雷戦闘発射を実施する計画であった。

その夜は晴天の闇夜だった。演習開始後まもなく、「神通」「那珂」部隊は敵を発見、魚雷を発射したが、探照灯に照らし出されたので反転を開始する。しかしその間近に、後方を突進してきた二七駆逐隊の「菱」「董」「蕨」「葦」が迫っていた。このとき、軽巡隊も二七駆逐隊も第三戦速・二八ノットの高速で走っていたという。しかも無灯火である。

気がついたときはすでに遅かった。ついに避けきれず、「神通」と「蕨」が激突し、軽巡隊二番艦「那珂」と「葦」が衝突してしまった。「蕨」は火柱をあげて両断され、アッという間に沈没、「葦」は三番砲から後部が切断されたが、沈没はまぬかれた。「蕨」の死傷者一〇四名、「葦」は死傷二九名を出す大惨事となった。いかに、国防をになうための実戦さながらの猛訓練とはいえ、残念な事件の発生であった。

太平洋戦争末期、GF長官となった小沢治三郎中将は、当時、一水戦の参謀だった。建制の指揮系統も、そして練度もちがう一水戦の駆逐隊を二水戦のなかにくわえて夜間戦技を行なうことに危険を感じ、除外を具申したが容れられなかったのだという。

加藤司令長官は事件後、舞鶴で艦隊将兵に「……此の度の為に意気を阻喪することなく……我海軍の為、絶対必要なる此の戦闘訓練に全力を尽くさるる様、切望して已みませぬ。……」と訓示して、予定の訓練をつづけ、一〇月には昭和二年度特別大演習も実施した。

誕生した〝航空戦隊〟

実質的な昭和の第一年目、昭和二年がすぎ三年、四年を迎えると、艦隊の編制にも顕著な変化が目立ってきた。

その一つが、「航空戦隊」の出現だ。

初期の海軍航空は、ファルマンなど水上機を装備機の主流にしていた。だが、なにぶん、フロート付き機では運用上不便が多い。車輪のついた飛行機を自由に発着させうる軍艦があり、それに適当したエア・プレーンができれば、こんな便利なことはない。よその国も同じだったが、こういう発想からわが海軍に誕生した軍艦が空母「鳳翔」であり、飛行機が一〇年式艦上戦闘機、一〇年式艦上偵察機だった。

着艦実験をおこなう空母「鳳翔」と一〇年式艦戦

基準排水量七四七〇トンの「鳳翔」が竣工したのは、大正一一年一二月。なにしろ今までにつくったことも使ったこともないフネだったので、艤装上も運用上もいわば実験艦であった。そんな得体の知れない艦に、初めて着艦した飛行機が一〇年式艦戦である。

三菱でやとっていた試験飛行士ジョルダン（元・英国海

軍大尉）が賞金つきで最初に降りたのだが、日本人で初着艦に成功したのは同艦の航空長吉良俊一大尉だった（前年大正一〇年四月、軍艦に航空長を置く制度が設けられていた）。

吉良大尉は、一回目成功、二度目は失敗して飛行機もろとも舷側ごしに海面へ落ちてしまった。しかし、それにへコたれずもう一度チャレンジして、東郷元帥や井上良馨元帥の目のまえで見事に成功した話は有名だ。吉良大尉は加藤海軍大臣から表彰された。

吉良大尉の初着艦成功は大正一二年三月五日だったが、「鳳翔」は一三年九月から第一艦隊に付属された。はじめは艦も機も、もっぱら発着訓練に力をそそいだ。かつて、フランスの指導団（陸軍）の講習にも参加してニューポール戦闘機の操縦を習い、ソッピース戦闘機でウラジオ警備にも従事した、当時の海軍戦闘機のオーソリティ吉良大尉でさえ、フライト・デッキを踏みはずすのだから、それも当然であったろう。まだ空母用兵上の研究、訓練に、本格的に取り組む余裕は技術水準からいっても時間的にも、とてもなかったのだ。

完成後も改造個所が多く、おおむね実用可能といわれるようになったときは、もう大正一四年になっていた。したがって、「鳳翔」が教育年度の初めから連合艦隊に付属されるのは翌一五年度からだ。

そういうわけで、当時は、着艦には高度な技量が必要と考えられていた。となると、操縦員に特別訓練を施さなければならない。それで、「鳳翔」が艦隊に入っても、最初の四ヵ月くらいは軍港で主として着艦訓練に従事した。

だから、この間は艦隊といっしょに行動することはできない。「鳳翔」が海上航空兵力の一単位として艦隊訓練をするのは、前期行動の終わりごろになってからだった。そして搭載機も、戦闘機、攻撃機それぞれ一〇機ていどだったので、主力部隊の上空警戒とか捜索偵察、煙幕展張、爆撃などについて、基礎的な洋上訓練を実施したにすぎなかった。

海軍が「爆撃訓練規則」を定めて、オーソドックスな訓練を開始したのは大正一三年六月以後だ。第一次大戦の結果、航空戦力の評価は急激に高まり、各国は廃艦を利用して爆弾の対艦船威力確認の実験を行なっている。日本海軍もそうだった。F5号飛行艇と一三式艦攻を使い、廃艦「石見」（日露戦争の戦利艦で旧ロシア戦艦「アリヨール」）に爆撃を試みたのだ。爆弾は二四〇キロを使用したようだ。命中率はすこぶるよかった。みごと撃沈。無抵抗の静止艦とはいえ、大成功に関係者は大いに気をよくしたらしい。そのころは、まだ雷撃は実用の域に達していなかった。

やがてこの訓練規則のほかに、昭和二年三月、「戦闘飛行訓練規則」がつくられ、さらにその年の一二月、両規則を廃止して、関連する他の作業もふくむ、より包括的な「航空訓練規則」の制定へと進歩する。

「本則ハ航空母艦、飛行機ヲ搭載スル艦船及航空隊ニ於テ施行スル機上作業飛行竝ニ飛行機整備ノ訓練ニ関スル事項ヲ規定ス」これで、航空術も砲術や水雷術と肩をならべる戦闘術科に成長したわけだ。

では、その昭和二年度、わが航空部隊がどんな訓練を実施していたか見てみよう。表にすると13表のようになった。射撃の訓練には、水上（地上）の標的や吹き流しを使っていたが、

13表　昭和２年度・航空部隊の主要研究項目　（「海軍制度沿革」による）

戦闘飛行種別	使用飛行機	実施艦船部隊	主要研究項目
射撃	一〇年式艦上戦闘機	鳳翔 大村航空隊	1．単機対複座機編隊空中戦闘法 2．艦橋掃射法
	一三式艦上攻撃機	鳳翔 横須賀、大村航空隊	1．編隊対単機空中戦闘法 2．編隊射撃法
	水上偵察機 Ｆ５飛行艇	能登名 横須賀、佐世保航空隊	1．編隊対単機（水上偵察機）空中戦闘法 2．編隊射撃法
爆撃	一三式艦上攻撃機	鳳翔 横須賀、大村航空隊	航行中ノ軍艦ニ対スル高々度編隊爆撃法
	水上偵察機 Ｆ５飛行艇	能登呂 横須賀、佐世保航空隊	潜航中ノ潜水艦爆撃法
通信	一三式艦上攻撃機 水上偵察機 Ｆ５飛行艇	鳳翔 能登呂 横須賀、佐世保、大村 航空隊	1．遠距離無線通信法 2．多数ノ飛行機散在セル戦場ニ於ケル水上艦船トノ無線通信法 3．潜水艦ニ対スル無線通信法 4．編隊飛行中ノ飛行機相互間無線通信法

すでに、戦闘機どうしの空戦演練には写真銃が使用されている。

計画訓練項目は多い。しかし、この表からはうかがいにくいが、海軍航空思想の主流はいぜん偵察、索敵の分野を流れていた。ほかの任務は第二、第三だったようである。

だがワシントン軍縮条約下、補助部隊の戦力強化は旧に倍して望まれた。

巡洋戦艦になるはずだった「赤城」が、転じて航空母艦として完成したのは、ちょうどこんな時期だ。基準排水量二万六九〇〇トンの大型キャリアーが昭和二年三月に生まれた。

飛行機のほうも、一三式艦攻がすでに大正一四年、制式採用されている。また、三式艦戦も、テストで七三〇〇メートルの上昇記録をつくり、昭和四年の制式採用を目前にひかえていた。

条件はそろった。

「赤城」と「鳳翔」とで昭和三年四月一日、はじめて第一航空戦隊を編成することにしたのである。四隻編制の駆逐隊一隊をつけて空母部隊を編み、一コ戦術単位をつくった。この駆逐艦は警戒用で、通称〝トンボ釣り〟といわれていた。搭載機が着艦に失敗して海上に落ちたようなさい、救助にあたる役目をもつ。

航空母艦の洋上訓練はいよいよ本格化した。

一次大戦の戦訓から、大正九年、「海戦要務令」には「航空隊ノ主タル任務」の条項が新たに書きくわえられていた。その筆頭に「敵情ヲ偵察ス」ることが置かれた。だが、そういうことは巡洋艦などの艦載水上機にゆずり、母艦機は「敵主力及空母ヲ攻撃」し、「敵航空隊機ヲ撃攘ス」ることに重点をうつしだしたのである。昭和三年度から雷撃が訓練研究項目に入り、四年度には軍港襲撃法も盛りこまれた。五年度になると爆撃は、「航行中ノ対空警戒厳重ナル主力艦ニ対スル二乃至三機編隊攻撃法」へと進むのだ。

新生航空戦隊のシステムは効果をあげた。母艦搭載機の術力は向上して、しだいに航空戦隊は、艦隊に欠くことのできない補助部隊となっていくのである。

第二艦隊編制改新

さて、もう一つの艦隊編制上の大きな変化は第二艦隊のなかみだ。こちらでは、航空戦隊のような近代的部隊の新設ではなく、保守的路線にエンラージ、インプルーブが行なわれた。

大正末から水雷部隊の進歩がいちじるしくなり、かれらへの期待が増したことはもうすでに述べたところだ。こういう水雷部隊、とりもなおさず駆逐艦部隊による夜戦が成功するかどうかは、駆逐艦個々の性能とそれらを編み連ねた編制の良し悪し、さらに部隊指揮の巧拙にかかってくる。

〝個艦優越〟を目ざして、大型・高速化への努力にいっそう熱が入った。従来の観念からは、かけ離れた駆逐艦が建造されだすのだ。艦橋の上には鋼板張りの固定天蓋がつき、大きさも一六八〇トン。三八ノットの最大速力を誇り、六一センチ魚雷の発射管三連装三基をもつフネが現われた。「吹雪」型だ。

それは別称〝特型〟ともいわれ、「睦月」型とか「神風」型とかの前続するクラスよりあらゆる面で優れていた。とくに航続力・凌波性といった航洋性能は、洋心ふかくまで進出して敵主力部隊に夜襲をかけるのに、十分な能力をもつと考えられるようになった。昭和三年七月に「東雲」が竣工したのを手始めに、ちょっとした改造型をふくめ二四隻がつくられた。そして、同型艦四隻で一コ駆逐隊をこしらえ、四コ駆逐隊で一コ水雷戦隊を編成することにしたのだ。この戦隊を一コ戦術単位とし、砲戦決戦に先んじて夜戦で敵を減勢しようというわけである。

第一陣として、「東雲」「薄雲」「白雲」「叢雲」の四隻で第一二駆逐隊が編成され、昭和四年度の第二艦隊・第二水雷戦隊に編入された。こうして二水戦には、新品で大型・高速の駆逐艦ばかりが集められたが、この方式は太平洋戦争中までつづいた。

大正なかばごろまでは、一水戦と二水戦の編制にきわだった差はなく、二水戦の駆逐隊にも一等駆逐艦と二等駆逐艦が混在したりしていたが、大正八年度から、二水戦の最新・最鋭化傾向がはじまり、翌九年度以降、この思想は完全に定着する。まだワシントン軍縮会議の前だったが、第一次大戦終結直後のこの時期から、日本海軍は水雷部隊による〝夜戦漸減作戦〟に目を向けていたのではあるまいか。

ワシントン会議では、巡洋艦以下の補助艦艇保有量に制約はくわえられなかった。排水量一万トン以下、備砲は二〇センチ以下と制限しただけだった。各国が条約のスキ間をつくように、そんな大型巡洋艦を多数持とうと考えるのはあたりまえだろう。

日本海軍ももちろんだった。さっそく建造されたフネが古鷹型四隻だ。八・八艦隊当時に構想していた計画を改め、およそ八〇〇〇トンの船体に二〇センチ砲六門、六一センチ魚雷発射管連装六基をそなえる〝平賀〟巡洋艦である。

大正一五年三月から昭和二年九月にかけて竣工した。二〇センチ砲弾は一五センチ弾にくらべて弾量が約二・五倍増加し、砲戦距離も一万五〇〇〇メートルから二万メートル以上に伸びる。威力がぐっと大きくなるわけだ。

そのころ、米国海軍は意外とモタついていた。二〇センチ砲重巡をこしらえたのは「ペンサコラ」級、「ノーザンプトン」級が昭和三年から六年にかけてであった。

日本では、はやくも昭和三年、古鷹型が四隻そろって隊をなし、第五戦隊として第二艦隊主柱の一本となっている。

そしてさらに、条約制限下では究極にちかい妙高型巡洋艦が建造されるのは、昭和三年一一月から四年八月にわたってだ。二〇センチ連装砲塔五基を持ち、また六一センチ魚雷発射管三連装四基もそなえ、雷装にも大きなウェイトをかけた。雷装重視の考え方は、のちに画期的な戦法案出へとつながっていく。

これに反し、アメリカの大巡は魚雷にそれほど重きをおかず、のちには廃止してしまう。

さて、わが水雷部隊は魚雷をかかえ、夜間なら二〇〇〇メートルくらいの近距離に迫って敵主力を襲撃しようと企てるのだが、敵警戒陣がなんとしてもウルサイ。とくに二〇センチ砲巡洋艦のような強力な兵装をもつ護衛部隊が出現すると、たとえこちらにも同等な武装を有する突撃推進部隊があったにしても、であった。

そこで、砲術決戦の前日夕方、味方巡洋戦艦部隊がまず敵にくいついて強力な防御陣を打ちこわし、夜戦部隊の突入を推進させ掩護する。さらに引き続いて、夜戦にも巡戦が加入して魚雷の戦果をいっそう拡大しよう、こんな思想が台頭してきた。

昭和三年ごろ、当時、水雷学校教官で戦術科長だった小沢治三郎中佐が、大いにぶちあげた主張であったようだ(『提督小沢治三郎伝』)。

昭和五年度の艦隊編制に大改革がくわえられたが、この小沢意見が採り上げられたのだという。

それまで第二艦隊の主柱になっていた、第四戦隊の巡洋戦艦部隊は第一艦隊へ引っ越しさせられた。ただし、第四戦隊の看板は第二艦隊へ残しておき、あらたに、「妙高」「那智」

「足柄」「羽黒」のデキタテ重巡がそこの住人となった。第五戦隊は、「加古」「衣笠」「青葉」の三隻がもとのまま住んでいる。

　こうして第二艦隊は重巡部隊、駆逐艦部隊をメーンとする、夜戦専門の部隊となったのであった。

　連合艦隊は、かつては大艦巨砲を最優先する「砲戦艦隊」だった。が、大正後期からしだいに魚雷戦（夜襲戦）も重視する艦隊へと変わり、ついに昭和五年度から、大艦巨砲を優先しつつも魚雷の比重をいっそう高めた「砲雷戦艦隊」へと衣がえしはじめたのである。

補助艦保有量も制限

　昭和五年が明けると早々に、海軍には厄介な問題がもちあがった。ロンドンでの、主に補助艦を対象にした軍縮会議だ。といっても、それはまったく予想されないことではなかった。大正一〇年のワシントン会議で補助艦問題を積みのこしており、そのとき、一九二一年にまた第二次ワシントン会議開催を決定していた。そして、それに先立つ昭和二年に、ジュネーブで日米英間の補助艦関係軍縮会議が開かれ、不調におわっていたからだ。ジュネーブ会議の失敗は米英両国の意見対立が原因だったが、イギリスの要請で開催されたロンドン会議は、むろん補助艦制限が議題だった。出席した国は日米英仏伊の五ヵ国。

　ワシントン会議でまことに苦い水を飲まされた日本は、こんどこそはと褌をしめなおし、譲れぬ最低線をきめた〝三大原則〟を懐に、英京へ乗りこんだ。三大原則とは、

㈠巡洋艦以下の会議対象補助艦量は、総括して、すくなくとも対米七割を確保。

㈡とりわけ八インチ砲搭載重巡洋艦は、対米七割を絶対確保。

㈢潜水艦は対米比率でなく、自主的に七万八〇〇〇トン保有を主張する。

という内容であった。

わが全権は熱弁これつとめた。だが、今回の米英は前もって予備会議を行ない、がっちり足並みをそろえてやってきたので、日本側はどうにもならなかった。

かろうじて、総括排水量、対米六九・七五パーセントは獲得できたものの、最重要視していた大型巡洋艦は六割に、潜水艦は五万二〇〇〇トンに押さえこまれてしまった。ただ、軽巡と駆逐艦だけが、どうにか七割の比率がまもれた。

この決定に、戦うことを専務とする海軍軍令部はきわめて不満だった。しかし、全部ひっくるめれば七割の線に近かったし、大巡にしても、アメリカは三隻の起工を遅らせる譲歩を示したので、実質的には、条約有効最終年の昭和一一年にはじめて対米七割をきる計算だった。

海軍省ももちろん不満だったが、財布をあずかる側としては、大局的には妥協した方が得策と判断した。条約は昭和五年四月二二日に調印された。

この軍令部、海軍省間の軋轢(あつれき)には後日、政治が介入して、いわゆる〝統帥権干犯〟問題がさわがしくなるのだが、それについては本〝物語〟の埒外なので避けることにしよう。

ともあれ、またも外圧によって軍備計画を改めざるをえなくなった海軍は、昭和六年、急遽「第一次軍備補充計画」をたて、第五九議会の協賛をうけた。まず、航空兵力の充実に向けて努力を注ぐことにした。航空機は条約の対象外だったからだ。前まえから予定されていた飛行隊一七隊計画が昭和六年に完成するので、さらに追加計画として、昭和一二年度までに一四隊を整備することにした。

それから、おなじく制限外の艦艇、たとえば水雷艇、掃海艇などの建造に力を入れる。また、教育、訓練や演習といったソフトの面に金をかける。そういった方向に、あらためて熱がそそがれだした。

主力艦、第一艦隊へ集結

昭和五年は、日本海軍にとって波瀾の年であったが、この年度、艦隊にも大改革が行なわれていた。しかし、ロンドン条約の影響によるものではない。

前年度まで戦艦は第一艦隊に、巡洋戦艦は第二艦隊に分属していた。そこへ〝主力艦群、第一艦隊へ集合〟の号令がかかったのだ。

昭和の初め、小沢治三郎・当時中佐が、「主力艦も夜戦に加入すべし」と強調していたことは、さきほどちょっと書いた。そういう声が取り上げられたのであろう、昭和三年、大口径砲を夜戦に使用する研究がはじまり、砲術学校の練習艦になっていた戦艦「山城」が無照射射撃の実験を開始している。

〝主力艦集合〟は、そんな戦術転換の第一歩であった。だが、まだまだ模索の段階だったことは、昭和五年の一F・第一戦隊が「伊勢」「山城」「榛名」「陸奥」の混成であったことからうかがえる。小沢さんがそうは主張するものの、疑問をいだく人だっていたのである。戦術の大家と自他ともに認める末次信正大将（当時中将）などは、主力艦の夜戦加入に大反対だった。

第二戦隊がいぜん空白なのは、ふところ具合と整備の都合によるものにほかならなかった。「霧島」と「金剛」「比叡」は改装、改造工事中だったのだ。

昭和五年度の年度はじめ、第一艦隊旗艦兼連合艦隊旗艦は「山城」だったが、五年二月六日から「陸奥」に変更された。司令長官は山本英輔中将。この人は海軍育ての親といわれた山本権兵衛サンの甥で、体は小さいが頭脳はすこぶる緻密、かつ物識り博士でメモ魔だったらしい。また、非常に進歩的で、明治四二年に〝飛行器〟導入の意見書を提出した航空の先覚者でもあった。だから、組織的な仕事をやらせたら第一人者といわれており、平時のGF司令長官としてはうってつけだったろう。

徳山に集合した艦隊は、三月までは瀬戸内海西部や九州東岸海面で、魚雷発射や教練運転とかの基本的戦技に明け暮れた。四月は華北から関東州、朝鮮、さらに下って台湾方面へ巡航訓練に出かけている。とにかく燃料費が窮屈なので、艦隊幕僚は年度計画を上手にたてるのに苦労するのだ。五月、各艦は所属軍港に帰って補給整備をする。

六月、ふたたび艦隊は集合し、九州東岸、本州南岸海域で乙種戦技の準備訓練だ。七月、八月はいよいよ本番。本州東岸から北海道、日本海へと出かけて移動しながら戦技に汗を流す。日の出まえに潜水艦の襲撃があり、昼間は飛行機からの襲撃、巡洋艦の攻撃、駆逐艦の襲撃あるいは艦隊対抗戦。夜に入るとまたも駆逐艦は夜襲をかけてくる。いったん行動を起こすと、司令長官の睡眠時間は一、二時間に減ってしまうのであった。

費用（かね）をかけた昭和五年大演習

昭和五年一〇月、年度の締めくくりに大演習が実施された。三年ぶりだったが、こんども前回と同様、第二期演習は天皇が統裁されたので特別大演習と銘うたれた。参加艦船は一八六隻、七二万トン、飛行機一〇〇機以上、参加人員は六万五〇〇〇人という大がかりな演習となった。が、規模的には前回とさして変わらない。

ただし演習費用という点では、昭和二年度のときは五〇〇万円だったが、今回は六二七万円と、二五パーセントも増額されていた。それに、巡洋艦、駆逐艦に新鋭が多数参加しており、中味はいっそう充実した、質の高い演習になったはずだ。参加部隊は艦隊だけでなく、各鎮守府から各要港部までくわわったので、演習区域は北は千島から南は台湾の南端にいたるタテ三〇〇〇カイリとヨコ数百カイリの広漠たる海面となった。

一〇月一〇日からの第一期演習で開幕された。例によって、各艦隊単独での下演習だ。二F長官の水雷術のオーソリティ飯田延太郎中将は、山本英輔中将と同期生だが中将進級が一年おそく、士官順位がつぎのつぎだったので風下で指揮を受けなければならなかったが、これはどうもいたしかたがなかった。

一方、大演習のため戦艦「長門」「日向」で第六戦隊を編成したほか、巡洋艦で七戦隊、八戦隊を、さらに三水戦、四水戦、三潜戦、四潜戦、五潜戦を臨時編成した。これらの部隊をまとめて一時的に「第三艦隊」をつくり、赤軍つまり攻撃してくる敵軍と仮想したのだ。そして、三F司令長官には、軍令部出仕で手のあいている中村良三中将が充てられた。青軍すなわち味方・防御軍は、一Fと二Fを合わせた山本英輔中将の連合艦隊が充当されたのはいうまでもない。

青・赤両軍の対抗演習は、一〇月一八日より開始された。ハワイを出港してきた赤軍は館山沖、小笠原諸島にかけて所在し、わが本土に向かおうとしており、佐伯湾、奄美大島を出た青軍はこれを迎え撃とうとの想定だった。

山本青軍指揮官の直観的判断はこうである。敵は青軍の防御のうすいところにいったん出現したあと急速に南下し、東京のはるか南方で両軍激突し、さらに西方へうつってもう一度戦闘が発生するのではないか、というものであった。

まず、青軍主力の出現を昼間にするか夜間にするか、大いに研究された。かならずや敵潜水艦が、根拠地を見張っているであろうと推測したからだ。結局、第一艦隊は佐伯湾を夜間出港し豊後水道を南下してから、異常なく東航に転じた。第二艦隊のほうは奄美大島を出撃して、東京南方海上に索敵線を押し進めた。

第一艦隊は敵潜水艦を排除しながら進撃し、第二艦隊のはるか後方に占位した。二Fが敵赤軍部隊を発見したのは、一〇月二〇日の午後であった。報せをうけて一Fも急速敵に向かう。海上は荒れ模様となり、暗くなると戦場には雨も混じってきた。そのような天候のなかで、赤軍の巡洋艦「阿武隈」「北上」が衝突してしまった。

思わぬ事故で一時大混乱を起こしたが、演習はつづけられた。艦隊は若干砲戦をまじえ、つづいて青軍水雷部隊は夜襲を決行する。いったん戦場を避退した青軍主力は、翌二一日朝、集合して決戦場へ向かった。砲戦を開始したが、午前中に敵主力は全滅し、正午、演習終結となった。

部隊は神戸沖へ針路をとったが、さらにその翌日、夜明けまえに統監から電報が入り、第一艦隊と赤軍との間で、二回目の戦闘を紀州南方海上で実施するよう命じられた。これは間もなく終了し、全艦隊は一〇月二六日の神戸沖観艦式に参加したのだった。

「赤軍」長官、空母を機動使用

昭和五年度の特別大演習は味方青軍から見たとき、前衛部隊による索敵、接触、それから水雷部隊の夜襲がくりひろげられたあと、翌日の砲戦決戦と、前々回、前回大演習と似たパターンで、とりわけ新味はなかった。

だが、赤軍はなかなかユニークな戦法をとったようだ。

青軍には連合艦隊付属として、年度当初から空母「加賀」「鳳翔」、第一駆逐隊でつくった第一航空戦隊が置かれていた。大演習時、第一艦隊に組みこまれたが、第一予備艦として横須賀にいた「赤城」も、演習のさい第三艦隊に入れられた。

青軍では従来どおり、空母を主力部隊に張りつけておき、敵部隊攻撃に使うことを考えていた。ところが、赤軍・中村司令長官は「赤城」を機動的に使用することを発想したのだった。空母を犬吠岬南東海上へまわし、そこから発進した赤軍飛行機隊は横須賀を空襲して、サッと姿をくらました。意表をつかれた青軍はこの機動部隊をつかまえることができず、逃げられてしまったのだ。

これは型破りの艦隊行動だったので、あとでとかく批判をする者があったらしい。が、これを聞いた中村良三長官は、「赤軍はアメリカ艦隊の役をやるんだ。アメリカ海軍は日本の軍令部で考えているような来方はしないよ。赤軍はアメリカの頭でやらなければいかん」と言ったそうだ（外崎克久『津軽の濤声』）。まさにそのとおり、といわなければなるまい。

昭和六年度の第二艦隊司令長官には、この中村中将が補職された。

中村さんは鉄砲屋の出身、一見、思想的には加藤寛治寄りの硬派に思われがちだったが、そうでもなく、米内光政大将とも親しかった。海兵二七期を一番で卒業した秀才で、〝戦術の権威〟とは、周囲の認めるところだったようだ。

六年度の第一艦隊は前年度に引きつづいて山本大将（六年四月一日進級）が長官をつとめたが、これは、一F兼GF司令長官はとくに事情のないかぎり、当時は二年連続するのが通例になっていたからだ。

中村中将は重巡「妙高」を旗艦に、艦隊司令長官であると同時に第四戦隊も直率した。こうして四Sの構成艦を一万トン重巡に固定し、四S旗艦でありかつ二F旗艦を兼ねる方式は、太平洋戦争・比島沖海戦で四戦隊が壊滅するまで継続した。ただし、昭和一一年度だけは四Sが編成されなかったので、その座を、やはり一万トン重巡の五戦隊にゆずったことがあった。

そして、第二水雷戦隊も、昭和五年度からそうだったが、ピカピカの特型駆逐艦ばかりがそろえられた。五年度のとき、第一九駆逐隊は「磯波」「浦波」の二隻のみだったが、今年度は「敷波」「綾波」が完成したので、最初から三コ隊、一二隻ぜんぶに特型の艦首がならんだのだ。

第二潜水戦隊も同様だ。五年度は、艦隊随伴用高速潜水艦の海大型ではあったが、あらかたはa型だった。それが、六年度ではb型がほとんどを占め、一隻だけがaタイプだった。凌波性をよくするため艦首形状を改良したのがbタイプだったが、そのぶん新品ということでもある。

主力艦引っ越しで、二艦隊は一艦隊とくらべて〝旧方〟が軽くなった。その埋め合わせを〝新しさ〟で、ということだったろうか？

上海事変勃発！　特陸出動

第一次世界大戦が終わって以来、ひさしくわが艦隊が戦場に出動することはなかった。が、昭和七年そうそう、あわただしく中国方面に向かわなければならない事件が発生した。上海事変だ。

昭和六年九月に満州事変が勃発したあと、中国での排日運動はしだいに激しくなっていた。華中、上海付近には約三万三〇〇〇の大部隊が集結して市を包囲し、ただならぬ気配をしめしはじめた。翌七年一月、そんな上海へ、ついに満州から事変の火の粉が飛びうつったのだ。一月一八日、日本人僧侶ら五名が突然、数十人の中国人の襲われ、一人が死亡し四人が重軽傷を負った。これは、諸外国の目を満州問題からそらそうとする、日本陸軍の謀略〝やらせ〟だったことは、いまではよく知られている事実だ。

当時、中国へは、青島を根拠地として華北や渤海湾の警備にあたる第二遣外艦隊と、上海をベースに揚子江流域を警備する第一遣外艦隊とが、常駐的に派遣されていた。

上海情勢が一気に緊迫したのに備えるため、内地から軽巡「大井」と第一五駆逐隊が増派された。「大井」には特別陸戦隊一コ大隊を乗せて行き、現地へ着くと同時に上海陸戦隊へ編入した。第二遣外艦隊の指揮下にあった特務艦「能登呂」(水上機母艦任務)も回航され、一月二四日、上海沖に到着する。

さらに万一の場合にそなえ、佐世保に待機していた第一艦隊所属の第一水雷戦隊にも出動命令が下された。一水戦はヒゲと勇猛果敢で有名な有地十五郎大佐が司令官だった。佐世保鎮守府特別陸戦隊を各艦に便乗させると、強烈な北西季節風に荒れ狂う東シナ海を突破し、一月二八日、上海へ入港した。この特陸編入で、上海陸戦隊は約一八〇〇名に増強された。

不穏の空気は一触即発の度に高まった。上海共同租界に、その一月二八日、戒厳令が布かれた。かねての警備計画にもとづき、深夜、第一遣外艦隊司令官塩沢幸一少将麾下の上海陸戦隊は配備につこうと出動した。指揮官は鮫島具重大佐（のち中将）、部隊は「中央」「北部」「虹口（ホンキュー）」「西部」「東部」の五警備隊に編成されていた。

ところが閘北（ざほく）一帯には、中国第一九路軍がバリケードを築いて警戒を行なっており、そこへ、中央警備隊が事前警告不徹底のまま入りこむ結果となってしまった。陸戦隊は便衣隊や中国正規兵から射撃をうけ、交戦がはじまり、ここに「上海事変」の口火が切られた。

戦闘は横浜路（ワンバンロ）、宝興路（バオシンロ）、三義里、虬江路（キユウコウロ）の方面でも前後して開始された。中国軍は道路に堅固な陣地を構築したり、高層の建物にこもって陸戦隊を手こずらせた。いわゆる〝市街戦〟である。当初、わが方の主要火力は装甲自動車四コ小隊、機銃車四コ小隊、野砲四門にすぎず劣勢だった。

三義里、虬江路の中国軍はとくに頑強だった。そこで、上海に在泊していた第一遣外艦隊の砲艦「安宅」（艦隊旗艦）や敷設艦「常磐」、応援にかけつけた「大井」「夕張」、第二一駆逐隊などからも艦船陸戦隊を掲げて補充したが、苦戦だった。

上海に第三艦隊編成

一夜あけて一月二九日早朝、折からの悪天候をついて「能登呂」を飛び立った水上偵察機は、中国軍の拠点である商務印書館と北停車場を爆撃した。印書館を炎上させてようやく陸戦隊は前進することができた。

14表　昭和7年の第3艦隊

S7・2・2新編時		出雲（旗艦）
	第1遣外艦隊	平戸　天龍　常磐　対馬　安宅 宇治　伏見　隅田　勢多　堅田 比良　保津　鳥羽　熱海　二見 第24駆逐隊　浦風
	第3戦隊	那珂　阿武隈　由良
	第1水雷戦隊	夕張　第22、23、30駆逐隊
	第1航空戦隊	加賀　鳳翔　第2駆逐隊
	付属	能登呂
S7・8・1改編時		出雲（旗艦）　天龍　第15駆逐隊
	第1遣外艦隊	常磐　対馬　安宅　宇治　隅田 伏見　鳥羽　勢多　堅田　比良 保津　熱海　二見 第24駆逐隊　浦風

二九日正午には、松滬（しょうこ）鉄道の線で戦線を整理し、中国側の申し出と英、米両総領事の斡旋で、同日夜、いったん停戦が成立した。

しかし、それからわずか六時間後の三〇日午前二時、停戦協定は中国軍によって破られ、ふたたび戦闘がはじまった。その三〇日と二月一日に、内地からあいついで特別陸戦隊二コ大隊が増援され、鮫島大佐の指揮下に入った。事態の重大化をおそれた海軍が、第一艦隊所属の第三戦隊と、「加賀」「鳳翔」の第一航空戦隊を急派し、それに便乗させてきたのだ。

上海方面に派遣された海軍部隊は、すこぶる大規模となった。しかも、事変はすみやかに収拾する必要がある。

そこで海軍は、揚子江近辺に行動している艦船部隊を統合して、14表に揚げたような「第三艦隊」を編成し、戦力の強化をはかった。大演習のさいに、予備艦や警備艦をかき集め、臨時、一時的に第三艦隊をつくることはあったが、戦う目的で編成したのは大正一〇年度が最後、一〇年ぶりの出現だった。

司令長官には野村吉三郎中将（のち大将、駐米大使）、参謀長に嶋田繁太郎少将（のち大将、海軍大臣）が任命され、二月八日、海防艦「出雲」を旗艦に上海へ進出した。その数日まえ、植松練磨少将が上海陸戦隊指揮官に着任し、それまでの鮫島大佐は参謀長になって彼を補佐することになった。

戦闘再開後の中国軍の抵抗はいっそう頑強だった。日本側は二月二日、急遽、陸軍部隊の派遣を決定する。金沢の第九師団に動員が下令され、北九州の第一二師団にも混成第二四旅団の臨時編成が命じられた。

この昭和七年度、連合艦隊では、末次信正中将が第二艦隊司令長官だった。末次中将も配下の第四戦隊と第二水雷戦隊をひきい、各艦に二四旅団の将兵を分乗させて上海方面へ出動する。

第四戦隊は「妙高」「那智」「羽黒」「足柄」の一万トン重巡、第二水雷戦隊は最新の特型駆逐艦ばかりだ。そんな精鋭を輸送船がわりに使い、二月七日の午後、ウースン鉄道桟橋に陸兵を上陸させた。

ウースンは上海の喉もと、黄浦江と揚子江の合流点ちかくにあり、そこの砲台は日本艦隊の行動にはウルサイ邪魔物だった。二四旅団はさっそく攻撃を開始したが、攻略に手こずる。

一方、第九師団主力の到着、上陸は一三日午後六時ごろになった。師団の攻撃目標は共同租界の北側、閘北地区に強固な陣地を構える中国軍に向けられた。

二月一五日の朝、駆逐隊の砲撃と「能登呂」搭載機のウースン爆撃で、さしもの手ごわい中国軍も逃走しはじめた。野砲隊も野戦重砲隊も陸軍飛行隊もこれに呼応し、敵を圧迫する。

二月一八日になって、第九師団長植田謙吉中将は、ランプソン英国公使の仲介で第一九路軍と停戦交渉に入ったのだが、話し合いは物わかれに終わってしまった。

そこで日本軍は、二〇日午前七時半、総攻撃命令を発する。上海事変は本格的な戦闘となった。

海軍初の敵機撃墜

歩兵第六旅団を主力とする右翼隊は、午前八時、前進を開始。午後から江湾鎮東端を攻撃し中部に進出したが、強烈な逆襲にあい攻めあぐんでしまった。

その日午後二時、植田中将は師団主力に右翼隊への協力を命じ、二一日早朝、戦車隊を先頭にたて江湾競馬場へ突入する。さらに二二日深夜まで空陸から江湾鎮を攻撃したのだが、中国軍は廟行鎮（びょうこうちん）、大場鎮方面からも反撃にくわわり、戦線はまたも膠着状態におちいってしまった。海軍陸戦隊は上海市内の中国軍を敗走させたあと、陸軍部隊の攻撃に呼応して、閘北方面から敵の背後を衝く。

陸軍は二二日午前三時、陣容を立て直して江湾鎮を攻めたてたが、歩兵第七連隊空閑（くが）大隊は厳字橋東方で前後から包囲されて苦戦し、過半数が戦死。大隊長は捕虜となり、のちに自決する悲劇まで起きた。江湾鎮の北側から廟行鎮にかけ日本軍を迎え撃ったのは、中国正規兵の精鋭、第五軍だった。

第一航空戦隊では搭載機の活動力強化の目的から、すでに二月七日、上海東部地区の公大（くんだ）

に飛行基地の設営を完了していた。

二月二二日の午後、小谷進大尉のひきいる「加賀」攻撃機隊三機と、生田乃木次大尉の「加賀」戦闘機隊三機は蘇州方面の偵察に出撃した。四時四五分、蘇州飛行場上空で、ボーイング戦闘機が上昇してくるのを発見した。たちまち敵味方は接近する。

三式艦上戦闘機。上海事変において初の敵機撃墜を記録した

勇敢にも敵は一機であった。わが方の集中射撃でそれは墜落していったが、小谷大尉も機上戦死をとげてしまった。味方機は全機基地に帰還したが、撃墜した敵機には、アメリカ人パイロットが乗っていた。かつて太平洋横断飛行を企て、来日したこともある著名なロバート・ショートであった。この敵機撃墜はわが海軍としては初めての出来事であり、野村第三艦隊長官はつぎのような表彰状を贈って、手柄を称えたのだった。

表彰

小谷小隊及生田小隊ノ適切勇敢ナル敵戦闘機撃墜ハ、帝国海軍航空史上ニ一新紀元ヲ画セリ

其ノ功績ヲ表彰ス

昭和七年二月二十二日

上海旗艦出雲

第三艦隊司令長官　野村吉三郎

第三艦隊、当分常置

あいつぐ苦戦に植田師団長は二月二三日、二四日の両日、態勢を三たびととのえなおした。攻撃目標を麦家宅、金家塘の各東方陣地にしぼる。二五日早朝、戦闘を再開し、集中砲火を浴びせて午前一〇時半そこを占拠することができた。江湾鎮の中国軍はトーチカに機関銃座を設け、すこぶる強力な反撃をつづけたが、二七日午後になってわが軍はようやく兵営に突入し、日章旗をかかげた。時刻は二時一〇分ごろだった。

二六日にも、小田原俊彦大尉の指揮する攻撃機隊九機、戦闘機隊六機で杭州飛行場を空襲し、大きな戦果をあげていた。

広東空軍と南京空軍が杭州基地に集結し、わが軍を攻撃する意図をもっているとの情報を、暗号解読で知り、野村三F長官は先制撃破の命令を下したのだ。当日、杭州飛行場に在った敵機はぜんぶで二五機だったといわれる。急襲は成功。九機を爆撃と掃射で地上撃破し、舞い上がってきた三機は撃墜したが、あとは逃走してしまった。この戦果にも長官表彰が行なわれたのはもちろんだが、一航戦による一連の空襲で、杭州付近に前進していた敵空軍は完全に壊滅した。

江湾鎮攻撃で大きな犠牲をはらい、第九師団のみでは兵力不足と判断した陸軍中央部は、二四日、「上海派遣軍」の編成、動員を発令する。軍司令官に白川義則大将をあて、あらたに動員された主力は第一一師団と第一四師団であった。

緒戦時、陸軍の攻撃目標とした敵陣はウースン鎮、それと江湾鎮だったが、もっとも有力な中国軍部隊は大場鎮に拠っていた。増援された第一一師団先遣隊は、軽巡「那珂」を旗艦とする堀悌吉少将（のち中将）指揮の第三戦隊に護衛されて、揚子江を遡江した。三月一日未明、七了口に到達し、三戦隊各艦の砲撃下に上陸を開始して北側から大場鎮攻撃の態勢をとった。第九師団も同日朝、これに応じて攻撃を再開した。

一方、ウースン要塞は数回の海軍の砲撃、爆撃で沈黙したが、黄浦江とウースンクリークに面した防御陣地は、いぜんとして強い勢力を保ち、各種の銃砲で抵抗をつづけていた。クリークの幅が広く、かつ深くて渡るのに困難だった。しかし、陥とさなければならない。

攻撃方針が決定し、有地一水戦司令官がウースン攻略部隊指揮官に任命された。陸上部隊として第一水雷戦隊陸戦隊、上海陸戦隊の一部、陸軍からは歩兵一コ中隊、騎兵一コ小隊、野戦重砲一コ大隊、攻城重砲一コ大隊が参加する。

三月三日午前五時四七分、有地指揮官は軽巡「夕張」と駆逐隊で、江上から揚陸地点に砲撃を開始した。敵の大部は退却したあとだったため、八時五分には砲台を陥とし、九時三〇分ごろ付近一帯の完全占領を終わった。

第一一師団主力は、一日早朝、揚子江沿岸の瀏河鎮に上陸し、前進を開始する。ささえきれなくなった中国軍は西へ向かって敗走をはじめ、ついに大場鎮は翌二日、陥落した。そして、三日の午後八時には嘉定もわが方の占領するところとなり、ここに戦局の大勢は決したのである。日本軍は停戦を表明し、三六日間におよんだ激烈な戦闘は止んだ。

三月四日には、そうそうに第二艦隊が揚子江方面の任務をとかれ、六日、軽巡「木曽」も内地帰還を命じられた。第三戦隊、第一水雷戦隊、第一航空戦隊、軽巡「大井」も三月二〇日上海発、内地へもどった。これらの部隊は一日もはやくGFに帰って、本来の任務である洋上訓練にいそしまなければならないからだ。

救援のため増派された各鎮守府からの特別陸戦隊も、四月から五月にかけ、逐次所属する軍港へ帰って行った。

こうして、第三艦隊は一Fからの借り物を返し、事変まえの第一遣外艦隊とほぼ同規模に縮まった。だが14表下段からもわかるように、「出雲」を旗艦として残し、第一五駆逐隊もとめおいて、三Fは当分常置することになった。昭和七年八月一日付の改編であった。

連合艦隊、常設となる

第一次大戦が終わると、世界各国はその莫大な惨禍にこりた。そこで、アメリカが言い出しっぺとなり、五〇数ヵ国で平和の確保と国際協力を唄い文句に国際連盟を結んだ（なのに米国は、これに加入していない）。

だが、満州事変をめぐって連盟から送られたリットン調査団の、満州国否定報告に不満をもった日本は、決然、国際連盟の席を蹴っとばしてしまうのである。昭和八年三月のことだ。世界の中で日本が孤立する第一歩となった。

それもさることながら、海軍部内には、ワシントン会議、ロンドン会議とつづいた軍縮会議で押しつけられた劣勢比率に、非常な不満が高まっていた。一部には〝条約改正〟にとどまらず〝脱退〟を叫ぶ声すらあがっていたようだ。

一方そのころ、アメリカでは二億三八〇〇万ドルを支出し、昭和一一年までに、三年計画で三二隻の艦艇建造を決めた。一万トン空母二隻、一万トンの六インチ砲搭載巡洋艦四隻、駆逐艦二〇隻、潜水艦四隻、砲艦二隻だったが、これでもまだ、米国に許された条約限度には達しないのであった。そして、この軍備が完成したあかつきには、これを楯に連盟や中国と協同して、満州国や委任統治領の南洋群島帰属問題まで、一気に解決をはかってくるのではないかと日本はおもんぱかった。

当時、艦艇、とくに航空機の発達は南洋群島の国防的価値を、日本にとってきわめて高いものにしていた。東西二七〇〇マイル、南北一三〇〇マイルの西太平洋の地域に散在する六三〇あまりの島々は、前進防御地帯として絶大な意味をもつ。不沈の航空母艦だ。しかし、逆に、敵が南洋群島を占領し、利用するとしたら、日本本土防衛は真に危険に陥ることになる。それは、後年、太平洋戦争の経過が明確に示してくれた。

ともあれ、昭和一ケタ代最終期に入って、日本は〝非常時〟意識を高めはじめ、日本海軍も、軍備問題をあらためて危機感をもって見直すことを迫られた。「艦隊平時編制」の改定は、そんな表われの重要な一つだった。

一二年ぶりに、昭和八年四月二〇日付で15表のように改められたのだが、11表にかかげた大正一〇年改定時の編制とくらべていただくと変化がわかる。

15表　昭和8年改定の「艦隊平時編制」　（『海軍制度沿革』による）

隊	名		艦船隻（隊）数		行動区域
連合艦隊	第1艦隊	第1戦隊	戦艦	4隻	本邦、関東州、委任統治南洋群島、満州、支那、東亜露領沿海及特ニ令セラレタル海面
		第2戦隊	戦艦、巡洋艦	4隻	
		第7戦隊	巡洋艦	4隻	
		第1水雷戦隊	巡洋艦 駆逐隊	1隻 4隊	
		第1潜水戦隊	巡洋艦 母艦 潜水隊	1隻 1隻 3隊	
		第3潜水戦隊	巡洋艦 母艦 潜水隊	1隻 1隻 3隊	
		第1航空戦隊	空母 駆逐隊	2隻 1隊	
	第2艦隊	第4戦隊	巡洋艦	4隻	同上
		第5戦隊	巡洋艦	4隻	
		第6戦隊	巡洋艦	4隻	
		第2水雷戦隊	巡洋艦 駆逐隊	1隻 4隊	
		第2潜水戦隊	巡洋艦 母艦 駆逐隊	1隻 1隻 3隊	
		第2航空戦隊	空母 潜水隊	2隻 1隊	
第3艦隊		第10戦隊	巡洋艦、海防艦	4隻	（筆者略）
		第5水雷戦隊	巡洋艦 駆逐隊	1隻 4隊	
		第11戦隊	巡洋艦、海防艦 砲艦	1隻 11隻	（筆者略）

第一番に記さなければならない改定点は、連合艦隊が常時編成されるようになったことであろう。

従来の規定では、「必要ニ応ジ連合艦隊ヲ編成ス」と定められており、戦争とか演習のさい、臨時、一時的にしかつくられないことになっていた。大正なかばごろまでは、日清戦争、日露戦争以外には世界大戦中でも、演習を実施するため年度のうち数ヵ月しか編成されなかった。

しかし、大正一二年度以降、「艦隊平時編制」の規定はそのままに、実質的にはつねに連合艦隊を編成しておく体制をとっていた。毎年度、年度はじめの一二月一日、「第一艦隊及第二艦隊ヲ以テ連合艦隊ヲ編成セラル」とお触れを出して、常編していたのだ。どうして、こういう処置をとったのか、筆者にはまだよくわかっていない。だがあくまでも、これは臨時の取り扱いであった。

というわけで、規定を定めての恒常的な編成は、昭和八年五月二〇日の「連合艦隊ヲ常設ト為ス」の達示で実行にうつされた。以後、太平洋戦争敗戦による日本海軍滅亡まで、連合艦隊の名は消えなかった。GFシチの肩書きは、それまでは「第一艦隊司令長官兼連合艦隊司令長官」であった。が、常設と法令できめられたので、ときのシチ小林躋造大将は、「連合艦隊司令長官兼第一艦隊司令長官」と名刺を刷りなおさなければならなくなった。

消えた〝巡洋戦艦〟

吉田善吾大将の生涯を書いた『最後の砦』（光人社）によると、その経緯はこうだ。

「——昭和七年度まで連合艦隊は四月に編成され、それまでの期間、第一艦隊と第二艦隊は別々の行動をしていた。年度初めから第二艦隊を拘束するのはよろしくないという考慮によるものと思うが、これは大局から見ればおかしな話である。いざ戦さとなれば、連合艦隊として作戦するのだからである。初めから連合艦隊を編成するのが当然だということになり、軍令部で検討した結果、艦隊の平時編成が改正され、明くる昭和八年度からは年度初頭から連合艦隊が編成され、新たに連合艦隊戦策もでき、連合艦隊の訓練要領がきまった。これで名実ともに連合艦隊となったわけである」

吉田サンは当時少将で、昭和六年一二月から八年九月まで約二年間、一F兼GF（GF兼一F）サチだった。いま記した文章は、吉田さん自身の回想なのだが、七年度までの連合艦隊編成には記憶ちがいがある。実際上、つねに編成されていたことはさきほども書いたとおりだ。が、それはそれとして〝平時即戦時〟の思想がいっそう強くなり、平時編制をできるだけ戦時編制に近いものとしておき、有事、敏活に対応できるように八年以降、艦隊の構成を改めたのは間違いないようだ。

それから、15表中に巡洋戦艦の名称が見当たらない。

これは、巡洋戦艦の艦種がなくなったからだ。ワシントン条約では、主力艦の建造を向こう一〇年間禁止したかわりに、〝若返り〟工事を規定した範囲内で実施することを認めた。さっそく、艦齢の古い「金剛」型から改装に入り、水平、水中防御力の強化をはかったが、速力が一～二ノット低下してしまった。それで、「金剛」「榛名」「霧島」の三隻は、昭和六年六月一日、戦艦に鞍がえしたのだ。また「比叡」のほうは、ロンドン条約の結果、「練習戦艦」に、七年一二月一日、艦種変更された。

そして、平時編制表にはじめて「航空戦隊」の呼称が顔を出した。

昭和三年四月から「当分ノ間連合艦隊付属艦船ノ一部ヲ以テ第一航空戦隊ヲ編成セラル」と、空母部隊は艦隊訓練に参加していたし、上海事変の実戦にも出動していた。だが、昭和初期はなにしろ母艦の数が少なく「赤城」「加賀」「鳳翔」の三隻しかなかった。必要なとき、航空戦隊を編成するにも、一コ戦隊が精一杯であった。

そんなところへ、八年五月九日、小型空母「龍驤」が竣工した。ワシントン条約にひっからない、一万トン以下の制限外の艦として、設計された母艦だ。これで、やっと四ハイになった。帳面づらでは、二コ戦隊できる。さっそく、待っていたかのように改定平時編制のなかに盛りこまれ、第一航空戦隊は第一艦隊に、第二航空戦隊は第二艦隊へと、置かれることになったのだ。

また、第四戦隊も、従来の〝巡洋戦艦、戦艦＝四隻〟から、正式に〝巡洋艦＝四隻〟の部隊に衣がえした。四戦隊は、すでに昭和五年度から、一万トン重巡戦隊になっていたのだが、これで名実ともに巡洋艦部隊に変化したわけだ。それから、第六戦隊が中味を巡洋艦のみにかえ、第三艦隊の編制中から第二艦隊へ引っ越している。

なお、艦隊の行動区域を見ると、新しく〝委任統治南洋群島〟の文字が入ったのが、目を引く。理由はさきほど書いたように、国際連盟脱退と、それにより、もし南洋群島の帰属問題がうるさくなった場合を考慮しての対応であったろう。

こうして、昭和の新風を吹きこんで編みなおされた艦隊平時編制でも、第一艦隊はいままでどおり、〝戦艦〟主柱の決戦部隊だ。第二艦隊は、〝巡洋艦・駆逐艦〟を主体の決戦部隊へと、建制上もきわめて明瞭に性格を打ち出した。そして、第一、第二の両艦隊で平時の連合艦隊を編成する。これは、従来の方式のままであった。

新演習用艦隊――第四艦隊

平時編制表には載っていたが、大正一二年度いらい空席で、たまたま上海事変で急遽編制された第三艦隊が、事変後もしばらく常置されることになった。それは、八年以後も引き続いた。

つまり、第一遣外艦隊と第二遣外艦隊の制度を廃止し、外洋に出られる能力をもつ第一〇戦隊と、もっぱら揚子江を行動範囲とする第一一戦隊で構成することにしたのだ。艦隊旗艦には事変当時のまま、一万トンの海防艦「出雲」が居すわり、米内光政中将（のち大将）がマストに将旗をかかげた。米内サンが第一〇戦隊も直率し、第一一戦隊はしたがって、〝下駄ブネ〟とよばれる吃水の浅い砲艦で、ほとんど占められていた。

ついでに書くと、昭和二年から上海に駐留して事変で勇猛な戦いぶりを示した上海陸戦隊は、昭和七年一〇月一日から「上海海軍特別陸戦隊」と称する、建制の部隊となった。第三艦隊司令長官の直属となり、これまでのような一時的な部隊ではない。海軍でありながら陸上戦闘に本腰をすえて取り組む、鉄筋コンクリート四階建ての庁舎までもつ常設部隊となったのだ。

さて、第三艦隊を常設ときめてしまうと、ちょっと困ることが起きた。大演習をするとき、以前みたいに赤軍となる臨時編成艦隊に、第三艦隊を名のらせるわけにいかなくなった。そこで、そんな部隊に使うことになった名称が「第四艦隊」だ。

昭和八年度の大演習は、天皇が統裁される〝特別大演習〟だった。参加部隊は第一艦隊、第二艦隊の連合艦隊が根幹になる青軍と、敵方になる第四艦隊の赤軍、ほかに、横須賀、呉、佐世保の各鎮守府部隊もくわわった。いつもながら、赤軍には予備艦が狩り出されてくる。

したがって、第四艦隊は艦隊、戦隊の首脳部もあっちこっちからの寄せ集めだ。艦隊司令長官には、ジュネーブ軍縮会議から帰ってきてまだ定職のない、軍令部出仕の永野修身中将（のち大将・軍令部総長）が任命された。戦隊司令官も、たとえば第二航空戦隊司令官には河村儀一郎少将があてられた。この人、テッポーからの転向〝飛行機屋〟で、航空本部総務部長の本職を持っていたが、演習中の数ヵ月間、海上へ出稼ぎにきたのだ。

さきほど書いたように、空母「龍驤」が竣工したので「赤城」と組み合わせ、さっそく第二航空戦隊を編成して第四艦隊の一部隊としたのである。

ところで、艦隊平時編制が改定されたさい、「当分ノ間第一艦隊第二戦隊、第三潜水戦隊、第二艦隊第五戦隊、第二航空戦隊及第三艦隊第五水雷戦隊ハ之ヲ編成セズ」と但し書がつけくわえられていた。建前は編制表のとおりでも、懐ぐあいと艦艇整備の都合から、とても全部をそろえておくわけにはいきませんよ、というわけだった。

で、大演習のときには、この空き屋の戦隊に駆り集めを一時仮り住まいさせて、演習を成り立たせたのだ。いまの二航戦しかり、戦艦「長門」「扶桑」「霧島」の第二戦隊、重巡「足柄」「那智」「羽黒」「妙高」の第五戦隊しかりであった。これらの戦隊は、みな第四艦隊に入ったが、これだけでは足りなかった。

平時編制表にはない、軽巡の第八戦隊と第九戦隊、それから第三水雷戦隊、第四水雷戦隊、第四潜水戦隊まで臨時編成して、第四艦隊を構成した。青軍指揮官は第一戦隊「陸奥」に座乗した小林躋造連合艦隊司令長官、赤軍指揮官の永野修身第四艦隊長官は、第二戦隊の「長門」を旗艦とした。

昭和八年度の大演習はかつてなく長かった。大正以後、例年ならば長くても二〇数日で終了していたのだが、今回は八六日間の長時日をついやして実施された。しかも、それまでは毎年度後期訓練も終わりに近い一〇月に行なわれたのだが、この年は真夏の六月から八月にかけ、暑いさかりに南洋群島での行動を中心にくりひろげられた。これも、非常時意識に触発された計画だったのであろう。八年以後の大演習も、同様、長丁場の演練があたりまえとなった。

当時、軍令部では、艦隊平時編制の改定にあたって、

㈠演習時、敵艦隊に仮想される赤軍艦隊は、編成後、約三ヵ月の急速訓練を行なう。

㈡年度戦時編制に近い大部隊で、毎年、大演習を実施する。

という意図を抱いたのだそうだ（防研戦史『大本営海軍部・連合艦隊〈1〉』）。

連合艦隊は、一年中、教育訓練に明け暮れるのが商売、しかし予備艦は、いつもは軍港の奥深くにデンと腰を下ろしている。動くことは少ない。そんな彼らにわずか十数日の訓練を施して青軍と対抗させても、高度の実効は望めない。それで、昭和八年度では、六月一日から七月いっぱいをかけ、まず第一期の演習期間、赤軍部隊は単独訓練で基礎術力の向上につとめたのだった。

第三期対抗演習は、大体お定まりのパターンで終始したようだ。八月一六日に発動され、

一八日午後四時、青軍前進部隊は赤軍部隊と会戦した。が、両軍主力の遭遇はついに望みがたい状況となり、行動用燃料も残り少なくなったので、午後八時、演習中止が下令された。

「友鶴」艇、転覆

ロンドン条約が締結されたあと、満州事変、上海事変、国際連盟脱退と事件が相つぎ、日本をおおう空気は、しだいに、異様に緊張してきた。そしてその余波で、昭和九年に入ると海上も荒れ模様になっていった。

ロンドン会議では、六〇〇トン未満の艦艇については制限しなかったので、わが海軍は、一〇〇〇トン型駆逐艦に準ずる性能をもち、しかも排水量はその枠内におさまる小型駆逐艦を、〝水雷艇〟と称して建造することにした。

そんな野心的なフネ、「千鳥」「真鶴」「友鶴」が竣工したのは、昭和八年一一月から九年二月にかけてだった。といっても外洋作戦には無理なので、三隻で、「第二一水雷隊」を編成して佐世保警備戦隊に入れ、近海の防御、警備にあたらせることにした。

だが、出来上がってみると、各艇、旋回時の傾斜が意外に大きいだけでなく、復原のスピードが遅かった。碇泊していても波浪で一〇度、一五度の傾斜角になることがしばしばだった。

九年三月一二日零時、第二一水雷隊は基本演習のため、寺島水道を抜錨した。警備戦隊旗艦「龍田」を夜間襲撃する訓練が目的だった。この日の天候は悪く、激しい風波に艇の動揺も大きかった。一八ノットの速力も無理、追波に叩かれるとたちまち風上側に艦首を回され、風下側に傾斜した船体は容易にもどらない有様だった。

〝ヒゲの提督〟有地十五郎

ついに風速一八メートル、波高は四メートルにもなったので演習を中止し、帰港することにした。だが、その途中、午前四時一二分、二番艇の位置にいた「友鶴」が、大立島の南方で転覆してしまったのだ。

「軍艦は絶対にひっくりかえらない」と信じきっていた海軍将兵にとっては、一大ショックだった。原因は〝復元力を犠牲にした過重武装〟にあった(無理が通れば道理引っこむ)。

各艇はいったん、第四予備艦に格下げされ、舞鶴工廠で大改造に入った。五三五トンの基準排水量を六〇〇トンに増やし、二基の連装魚雷発射管は一基に減らし、重油搭載量を少なくするなどの工事を施した。性能は低下したが、止むをえなかった。

いっぽう、昭和九年度のGFは末次信正大将が司令長官で、一Fシチを兼務、二Fは高橋三吉中将がシチになって訓練を開始していた。二艦隊は〝夜戦の雄〟のにおいをすっかり濃くしていたが、高橋長官は鉄砲屋出身で夜戦訓練にあまり経験がなかった。そこで、駆逐艦のオーソリティ〝ヒゲの有地十五郎〟少将を参謀長に据え、〝夜戦第一〟を標榜して演練に励んだ。

ところが、後期訓練に入ったとたん、大事故が発生した。それは、危険の多い夜戦の稽古ではなく、昼戦訓練中に起きてしまった。六月二〇日、済州島で第一、第二水雷戦隊の昼間魚雷発射訓練を織りこんだ、連合艦隊基本演習を行なっていたときのことだ。

当時、昼間に水雷戦隊が敵艦隊へ突撃するさいには、防御砲火を避けるため飛行機による煙幕展張を考えていた。その日、二水戦の襲撃のときも、飛行機煙幕で遮蔽スクリーンがつくられた。そしてそのなかへ、突撃する第一一駆逐隊が突っこんだとき、襲撃を終わり避退行動にうつった第六駆逐隊も高速で飛びこんできた。

当日は、煙幕がなくとも霧があり視界は狭かった。一瞬にして不幸が起こった。一一dg（駆逐隊）の「深雪」に六dgの「電」が激突し、「深雪」は沈没、「電」は中破してしまったのだ。しかも、殉職五名をふくむ死傷者十数名が発生する惨事となった。

美保関いらいの事件になったが、ただちに煙幕の出入に関して厳重な守則が制定され、その後は、この種の事故はなくなった。

ところで、いまdgというヨコ文字を使った。文中に「駆逐隊」と説明を書きくわえておいたが、これは戦前、戦中の日本海軍が正式に使用していた「海軍用語」の略符号である。本〝物語〟でも、これまでにGFとか一Fとか使い、そのつど説明を入れておいたが、今後も略符の使用頻度は高くなるはずだ。ほかにもたくさんある。それで、主な略符号を一括し、「別表」として掲げることにした。一応見ておいていただきたい。

別表　主な略符号、略称

略符合	正式名称	略符合	正式名称	略称	正式名称
GB	海軍総隊	S	戦隊	シチ	司令長官
GF	連合艦隊	Sf	航空戦隊	シカ	司令官
F	艦隊	Sd	水雷戦隊	サチ	参謀長
AF	航空艦隊	Ss	潜水戦隊	セサ	首席参謀（先任参謀）
TF	方面艦隊	Sz	特攻戦隊	サクサ	作戦参謀
HTF	北東方面艦隊	Bg	特別根拠地隊	ホサ	砲術参謀
TYF	中部太平洋方面艦隊	aBg	特設根拠地隊	スサ	水雷参謀
NTF	南東方面艦隊	Glg	連合特別陸戦隊	コサ	航海参謀
GKF	南西方面艦隊	Cfg	連合航空隊	ツサ	通信参謀
CSF	支那方面艦隊	B	戦艦	コクサ	航空参謀
KdF	機動艦隊	A	航空母艦	キサ	機関参謀
KdB	機動部隊	C	巡洋艦	フカ	副官
KF	南遣艦隊	fg	航空隊	カ	艦長
CF	遣支艦隊	dg	駆逐隊	フ	副長
EF	護衛艦隊	sg	潜水隊	ト	当直将校

二航戦、常続的に編成つづけざまに強い衝撃を受けたが、末次艦隊は訓練を続行した。この年度は、二月上旬、有明湾（志布志湾）に集合以後、第一艦隊と第二艦隊は同一行動をとった。ただし、入泊地を別にすることはあった。

九州南西海面、土佐沖、本州の太平洋方面、北海道西方、日本海、渤海方面を移動しながら訓練していった。日本海へ入ったとき、山口県萩に入港した。ここを連合艦隊が訪れたのは初めてのことなので、官民のさかんな歓迎を受けたらしい。乗員も明治維新当時の史跡見学ができて、おおいに喜んだ。

八月一日からは大演習に入った。終わりは一〇月二一日と予定され、八二日間、前年八年度につづいて長期間の演習だ。

第一期演習は初日、八月一日の午前八時に開始された。この期間は例によって、参加各部隊が各個に、あるいは連合して基礎的な訓練、演習を実施する。あちこちから寄せ集められた臨時部隊・第四艦隊にとっては、土台を築く重要な毎日だ。この年、四F司令長官には舞鶴要港部司令官百武源吾中将が出張ってきた。留守中、舞要シカには、軍令部出仕で手のあいている松山茂中将が「同職代理被仰付」らるで、その椅子に座った。さっそく略符を使ったが、「シカ」とは司令官の略である。（松山中将は翌年、予備役となる）大演習を実施するときは、こうして、人事上もあちこちに波紋がひろがったのだ。

ところで、これまで、赤軍部隊の内容をくわしく見たことがないので、本年度第二期演習以後の編制を例として、16表に掲げてみよう。九年度は、中国方面にいる第三艦隊の一部も参加しているのが特徴だ。

16表　S.9年度大演習赤軍の編制

赤軍部隊	第4艦隊	第2戦隊	伊勢　榛名
		第5戦隊	足柄　羽黒　加古
		第8戦隊	夕張　龍田　鬼怒
		第9戦隊	木曽　大井　北上
		第3水雷戦隊	阿武隈　第3、第21、第22駆逐隊
		第4水雷戦隊	神通　第7、第8、第19、第20駆逐隊
		第3潜水戦隊	多摩　第17、第18、第26、第28潜水隊
		付属	鳳翔　第14駆逐隊　第21水雷隊
	佐世保鎮守府部隊		磐手　第27駆逐隊 燕　鷗　測天　似島 第1防備隊 付属　常磐　白鷹　野島 第1、第11掃海隊 夏島　猿島　那沙美 1号駆潜艇　2号駆潜艇 第3航空隊　第1通信隊
	馬公要港部部隊		第28駆逐隊　黒島　加徳 第1航空隊　第2航空隊 球磨　第4、第27駆逐隊 江ノ島　円島
	第3艦隊	第10戦隊	出雲　天龍 第26駆逐隊　第24潜水隊

さて一〇月二日午後四時より、対抗演習の第二期演習にうつった。四日の午後一時すぎ、九州西方海面で青・赤両軍は視界内に入り、たがいに撃ち合ったが、二時半、ひとまず演習中止。

一二日午前三時、いよいよ本命の第三期対抗演習が沖縄東方海面で発動された。やがて両軍前進部隊は触接し、午後には主力がぶつかり合うかに思われた。だが赤軍はまず夜戦を選び、決戦を翌日に持ちこす策に出たので、会戦は生じなかった。そして、この間、「夕張」と「由良」の触衝事故があるなどして、翌朝の主力決戦も望みうすになってしまい、二四時すぎ、演習は中止された。

しかし、これでは何ともしまらない。一四日午前、九州南方海上で特別演習を実施することになった。正午には両軍主力が対抗運動をし、各水雷戦隊が勇壮に突撃して演習は終了した。なお、大演習終了後、大阪で艦隊連合陸戦隊の観兵式を挙行したが、大演習にともなう観兵式は、これが最初で最後だった。

明けて昭和一〇年。この年の連合艦隊は、前年の二Fシチ高橋中将が滑り上がって、司令長官となった。第二艦隊長官には、米内光政中将が佐世保鎮守府司令長官から補任されてきた。ご両所は海兵のクラスメートだったが、高橋中将の方が、士官順位が三番上である。米内サン、風下に居なければならなかったのは、軍隊ではしかたのないことだった。

一〇年度の艦隊には、編制上いくつかの改善、改定がみられた。

その一つは、「第二航空戦隊」が常続的に編成され、第二艦隊の所属になったことだ。艦隊平時編制にも明記があり、昭和八年には臨時部隊として大演習に参加したが、建制部隊ではなかった。初代の一航戦司令官を経験した高橋長官は、そのさい、航空威力の大きさと重要性に目を開いたようだ。九年度にも二航戦の編成を強く主張したが、容れられなかった。一〇年度になって実現したわけだが、航空進歩の階梯をまた一段上がったといえる。

それと、第一艦隊に軽巡「名取」「長良」「五十鈴」で編成した「第八戦隊」が置かれた。この部隊は、艦隊平時編制にはない。しかし、「……必要ニ応ジ艦隊ニ本表以外ノ戦隊ヲ置ク」の欄外規定があり、これによって開設された戦隊だった。のちに八戦隊は重巡で編成されるようになり、太平洋戦争には、艦隊決戦時の主要戦力と目されるのだ。

第四艦隊事件

一〇年度後期訓練では、艦隊はまず小笠原方面に行動し、そのあと太平洋岸を北上して石巻、北海道厚岸に入港した。さらに千島列島の国後水道を通過、オホーツク海に入って訓練を行なった。

元来、わが艦隊は演練の場を南方海域に求めることが多かった。それは、対米戦略から割り出された必然の方針だったのだが、高橋中将はあり得る将来の可能性にそなえて、一度は北海方面にも足をのばし、艦隊に実地体験を踏ませることがぜひ必要と考えた。そこで彼は、級友の二Fシチ米内中将と私的に相談したところ、米内サンも「それはよかろう、自分も大賛成だ」と快諾をあたえた。

さっそく、GF司令部では北海行動の立案、検討がなされた。ところが、この計画が海軍の某大先輩の耳に入り、「考えなおした方がよい。あの方面は有名な濃霧地帯、一〇〇隻になんなんとする大艦隊が、もし座礁、衝突事故でも起こしたら、いったいどうするのか」と警告されたらしい。

だが、高橋司令長官は断行した。九月、厚岸を出発した艦隊は、二F、一Fの順序で国後水道に向かった。濃霧に襲われたが、あらゆる航海術、運用術の手段をつくして突破に全力をあげた。やがて、先頭を行く米内長官から、「われ、いま、水道を通過、オホーツク海に入る、青天白日」の電報が高橋シチのもとにとどいた。全艦隊ぶじオホーツクの海に入り、予定の訓練を実施しながら大泊へ向かった。ここでまた、わが艦隊の戦闘能力は一歩向上した。

さて、ふたたび南下を開始し、北海道西岸をへて函館湾へ入泊した。艦隊はすでに七月二〇日から大演習に入っており、これからいよいよ、青・赤両軍の対抗演習にうつる予定であった。青軍指揮官はいうまでもなくGF長官高橋中将だったが、赤軍の第四艦隊司令長官には、ことしも舞鶴要港部から司令官松下元(はじめ)中将の一時就任だった。九月中旬、四Fも函館湾へ錨を入れた。

初めの予定では、九月二四日午後四時に赤軍部隊は函館を出港、青軍と対抗演習を実施したのち、一〇月七日演習終了、八日か九日に東京湾へ入港のはずだった。

ところがそのころ、南方洋上に二つも台風が発生していた。一つは北上してから四国、山陰を通り、のち北海道西方に衰弱するのだが、艦隊はこの台風をやり過ごしたあとで対抗演習を行なおうと、出港を二五日に延期した。

第二の台風については、出港まで気象電報が入らず、津軽海峡はうすぐもり、すこし北東寄りの風がある、ていどの情報しか分かっていなかった。

二五日午前六時に抜錨した四Fが津軽海峡の東に出ると、風雨は猛烈に激しくなった。二六日の午前一一時ごろには、完全に暴風雨になった。二番目の台風と正面衝突したのだ。それは時速五〇キロで北上しており、朝には中心圧力なども分かったが、もうどうしようもない状況に陥っていた。三陸沖約二五〇マイルの地点である。海上は狂瀾怒濤、艦艇は文字どおり木の葉のように翻弄された。

第四艦隊は、松下長官の旗艦「足柄」と軽巡一隻、潜水母艦一隻の第二戦隊、「妙高」級重巡三隻の第五戦隊、「最上」級巡洋艦二隻の第七戦隊、「大井」級軽巡三隻の第九戦隊、あと第三、第四水雷戦隊と第三潜水戦隊、第一航空戦隊、ほかに敷設艦、特務艦など四隻から成り立っていた。

台風の右半円に巻きこまれた駆逐隊は九ノットか一〇ノットの速力で、あえぎながら航行しなければならなかった。動揺は平均すると、左舷に五〇度、右舷に四〇度も傾いたといわれている。

被害続出であった。二六日午後五時半前後、特型駆逐艦「初雪」と「夕霧」は不規則に襲ってくる強烈な三角波に叩かれ、艦橋直前で艦首が切断してしまった。「初雪」の艦首は転覆したまま浮いているので、旗艦「那珂」が監視をつづけた。しかし、救助する方法もなく、もしこのまま流れて外国の手に渡ったら困ると考え、中にいる乗員も絶望視されたので、翌日、砲撃で撃沈する非常手段がとられた。「菊月」は波浪で艦橋が潰され、艦長以下多数の負傷者をだした。

小型艦だけでなく、空母「龍驤」も艦橋が大破し、「鳳翔」は飛行甲板の前部支柱が曲がってしまった。その年、七月にできたばかりの「最上」も外板の溶接部に亀裂を生じて浸水、排水ポンプを運転しつつ帰投しなければならなかった。そのほか、どの艦艇も大なり小なりの被害を生じたのだった。

大演習どころのはなしではなく、あと、連合艦隊内だけで演習がつづけられ、一〇月二日に大演習の中止が発令された。

〝第四艦隊事件〟発生後、すぐ「査問会」が持たれ、「臨時艦艇性能調査委員会」が発足した。たんに艦艇建造の技術にかぎらず、このようなグンカン設計を強いた軍備計画や、周辺の各分野にも深刻な反省がなされた。そしてそれは、活かされた（良薬は口に苦し）。昭和九、一〇年は、海軍にとって多難な年であった。

二・二六事件とGF

昭和一一年度の連合艦隊も、司令長官は、前年度に引きつづいて高橋三吉中将だった。二年目長官というわけだが、どうもこの人、大事件に縁があるようだ。一〇年の夏、訓練中に〝深雪・電衝突〟が起き、秋には〝第四艦隊事件〟が発生している。一一年の年が明けると間もなく、〝二・二六事件〟という超大事件に遭遇した。

真冬の二月二六日、折からの大雪のなかを、歩兵第一連隊、第三連隊、近衛歩兵第三連隊などの将兵約一四〇〇名が、突如、永田町の首相官邸などを襲撃したのだ。斎藤実内大臣邸、鈴木貫太郎侍従長邸、高橋是清蔵相邸、渡辺錠太郎教育総監邸も襲われた。岡田啓介総理大臣は危うく難を逃れ、鈴木大将も一命をとりとめたが、斎藤、高橋両大臣と渡辺大将は殺害された。不意を打たれ、陸軍省、警視庁、内務省一帯はなすすべもなく占領されてしまった。この一部陸軍軍人の暴挙は、背景となっていた軍部の動向によっては、内乱につながりかねない重大アクシデントだった。だが、大先輩の斎藤、鈴木、岡田三大将が襲撃されたことなどへの、海軍の憤激は大きかった。

例年のように、年度はじめの母港での整備を完了した連合艦隊は、二月上旬、佐伯湾へと集合すると第一艦隊と第二艦隊に分かれ、四国、九州の海面で前期訓練を開始していた。一艦隊はもちろん高橋中将の兼務だが、二艦隊は加藤友三郎元帥の女婿、加藤隆義中将（海兵三一期）が今年度の長官だ。

第一艦隊第一戦隊は戦艦「長門」を旗艦に、「扶桑」「榛名」「山城」の艦型の異なる四隻で編成されていた。「扶桑」艦長が草鹿任一大佐、「榛名」が小沢治三郎大佐。ほかにも、司令官級、艦長級の主要幹部に、後年、太平洋戦争の第一線で活躍するメンバーが多かった。たとえば、第一水雷戦隊司令官は南雲忠一少将、第七戦隊司令官が古賀峯一中将、空母「龍驤」艦長に〝母艦着艦第一号〟の吉良俊一大佐、第一九駆逐隊司令は西村祥治大佐といったあんばいだった。連合艦隊参謀長は、戦争中〝五日間大臣〟になった野村直邦少将だ。

二六日、第一艦隊は土佐沖で訓練に精をだしていた。軍令部総長から高橋長官あて、急電が飛びこんできたのは正午ごろであった。「今朝東京に重大事件発生す。連合艦隊はただちに東京大阪の警備につけ」という〝大命伝達〟の電報だ。軍令部総長は天皇の幕僚長であって指揮官ではないから、自分で命令を発することはできない。軍令部で起案した命令に天皇の允裁(いんさい)をうけ、それを統帥命令として伝達するという形式を踏むのだ。

飛電一閃、高橋中将はすぐさま訓練を中止し、急遽、第一艦隊をひきいて東京湾へ向かうと同時に、第二艦隊にたいし大阪湾へ急行せよと命じた。第一艦隊が品川沖に到着したのは、二七日の夕方午後四時だった。入港するのを待ちかねたように、軍令部の近藤信竹第一部長が「長門」の舷梯を昇ってきた。彼は東京の具体的な警備法案として、

「第一艦隊で連合陸戦隊を編成し、即時待機の姿勢をとる」

「陸戦隊を揚陸し、もし討伐を開始する必要が生じた場合、情況によっては、艦砲により反乱軍の本拠たる議事堂を砲撃破壊する」との二案をたずさえてきた。

陸海軍相撃つ……ことはきわめて重大だ。前日未明からの陸軍反乱の模様を聴いたのち、高橋長官はいっさいの戦闘準備を完整させた。さらに翌二八日、先着していた横須賀警備戦

隊の宮田義一司令官を、芝浦桟橋に係留中の旗艦「木曽」に訪ね、これまでの警備経過を聞いた。

この宮田戦隊は連合艦隊の部隊ではない。横須賀鎮守府司令長官米内光政中将の麾下部隊だ。俊敏慧眼な井上成美参謀長がかねてから特別陸戦隊一コ大隊を用意してあり、「木曽」と第三駆逐隊に乗せて二六日の午後おそく芝浦へ着いていたのだ。事件発生でさらに増勢されていた特別陸戦隊は、上陸すると海軍省の警備に赴いた。指揮官は砲術学校教頭の佐藤正四郎大佐だった。一部の隊員は高松宮邸の警護にもあたった。

いっぽう、芝浦沖に集結した第一艦隊は、四〇センチ、三六センチの砲口を議事堂に向け、重装備の陸戦隊を揚陸した。高橋中将も上陸し、混乱した東京市内を視ながら軍令部へ行き、伏見宮総長を訪問して事件の様子をうかがった。さらに皇居に参内、〝天機を奉伺〟したあと、宮内省につめている大臣たちとも面会する。

海軍省警備の海軍陸戦隊と陸軍反乱部隊のにらみ合いは、二八日になってもつづいていた。

しかし、側近の重臣を失った天皇の怒りは大きく、反乱の断固鎮定を望まれた。ようやく香椎浩平戒厳司令官の勧告に応じ、二九日朝から反乱軍の崩壊は始まり、投降して、勃発四日後の三月一日に一応の解決をみた。

飛躍する海軍航空

三月一一日になって連合艦隊は警備任務をとかれ、ふたたび土佐沖での訓練を開始した。

それから間もなく、四月一日に高橋長官は海軍大将に進級した。中将旗を降ろして大将旗に掲げかえると、祝いの礼砲が撃たれたが、昇進の電報が入ったのが、ちょうど第一戦隊教練射撃の直前だったので、射撃準備にかかっていた主砲で〝一七発〟の礼砲が撃たれた。いつも使うチッポケな専用砲ではない。四〇センチ砲による祝砲、これは珍しいセレモニーだった。

四月中旬から下旬にかけて、艦隊は華北方面へ巡航に出かけた。予定の行動である。まだ日華事変まえのことなので、青島に入港すると、高橋司令長官以下幹部は韓複渠・山東省主席たちと大いに交歓した。「長門」以下五九隻の大艦隊の入港で、自由港青島は大にぎわいだった。将兵たちは安い物、珍しい品、はては税関を素通りできないような物まで買いこんで、四月二〇日、佐世保へ向けて出港した。

ところでこの年、昭和一一年一月一五日に日本はロンドン軍縮会議から脱退した。すでに九年一二月、ワシントン条約廃業を通告してあるので、両軍縮条約は一二月三一日かぎりで無効となる。一二年一月一日から、いよいよ無条約時代だ。日本が持とうとする軍備に足枷(あしかせ)はない。はやくも昭和九年から、極秘のうちに四六センチ砲・巨大戦艦「大和」型の検討、研究がすすめられていた。

飛行機も、九年から一一年にかけては、海軍航空が技術的に軍備的に大飛躍をとげた時期だった。

南洋群島を足場にし、来攻する敵艦隊を長距離で雷爆しようとの発想がなされた。まず航続距離二〇〇〇カイリの九五式陸攻がつくられ、その製作技術を継いで九試陸攻すなわち九六式陸攻が昭和一一年六月、制式採用になった。中翼・単葉、二三〇〇マイルを飛べるこの飛行機は、翌一二年、日華事変勃発早々に台湾から中国本土・南京への渡洋爆撃に成功する。九試単戦は多くの実験のすえ、九六式艦戦として一一年一一月に制式採用された。海軍初の低翼・片持翼機だった。成功裡に日華事変での実績を積みかさね、あとを零戦に引き継いでいく。そのほか、この時期開発された飛行機では、九試大艇が九七式飛行艇に、一〇試艦攻は九七式艦攻、一〇試水上観測機は零観になり、一一試艦爆は九九式艦爆となるのだ。日本海軍に初めて急降下爆撃用の機種ができたのも昭和九年で、複葉・二座の九四式艦上爆撃機がそれだった。

昭和11年6月に制式採用された九六式陸上攻撃機

そして、そんな新しい飛行機の容れ物として、三年の間に八つもの航空隊が各地に開設された。

八年一一月一日　大湊航空隊
九年六月二二日　霞ヶ浦航空隊友部分遣隊
一〇年二月一五日　佐伯航空隊および舞鶴航空隊
一一年四月一日　鹿屋航空隊および木更津航空隊

一一年一〇月一日　鎮海航空隊および横浜航空隊

大湊と佐伯の航空隊は水陸両用部隊、舞空と鎮海空は水偵航空隊、鹿屋と木更津両航空隊は陸攻部隊、浜空は大艇航空隊として開隊された。霞空友部分遣隊は、のちに筑波航空隊として独立する練習航空隊だ。

航空の威力が急速に大きくなると、それと同調するかのように〝戦艦無用論〟が、飛行将校の間で叫ばれだしたのもこのころからである。しかし、新鋭機がつくられ航空部隊も一大増勢されたが、いま一つ食い足りないものがあった。というのは、陸上航空隊はどの部隊も横須賀はじめ各鎮守府の所属航空隊であり、艦隊所属ではない。すなわち内戦部隊であって、将来の戦闘様相を見透すとき、軍隊編制上、かなり改善の余地があったのだ。

日本艦隊全滅！

昭和一一年度の大演習は、前年と同じく最後の第三期対抗演習を天皇が統裁する特別大演習だった。八月一日から約三ヵ月の長期間実施された。

この大演習に入るまえ、連合艦隊では若干の編制替えを行なった。さきほど、第一戦隊の構成を「長門」「扶桑」「榛名」「山城」と書いたが、六月一日から二分割し、「長門」と「扶桑」だけで第一戦隊を編成することにした。そして、空き屋だった第三戦隊に「榛名」と佐世保警備戦隊から「霧島」が入り、各二隻ずつの戦隊をこしらえたのだ。

では、年度途中、しかも半ばがすぎた時になぜそんなことをしたのか？

以前に、艦隊が砲戦決戦に入る前日の夕方、味方巡洋戦艦部隊がまず敵に食いついて強力な防御陣を打ちこわし、わが夜戦部隊の突入を推進させ掩護する。さらに引きつづいて夜戦にも巡戦が加入し、魚雷戦戦果のいっそうの拡大をはかる。こんな思想が台頭してきたと書いた。だが、こういう考え方を実現させるには、巡洋戦艦が巡洋戦艦らしく〝高速〟である必要があった。ところが、「金剛」型巡戦は、ワシントン条約で許された若返り工事を実施したさい、速力が低下して戦艦に艦種変更されていた。

これではまずい。新戦法の効果発揮にさしつかえる。そこで第二次改装を実施することになり、機関馬力が増大され、艦尾を延長して船体抵抗を減ずるなど、高速化をはかった。最初にその工事を終わったのが「榛名」で、昭和九年九月三〇日完成、つぎが「霧島」、一一年六月八日だった。最大速力は三〇ノットをオーバーした。さっそく両艦で第三戦隊を新編し、〝高速戦艦戦隊〟としての運用を、大演習で実地に試みることにしたというわけなのだ。

第一戦隊の方も、純粋の戦艦戦隊にもどり、姿がスッキリした。それから、やはり六日以降、水上機母艦「神威」と第二八駆逐隊とで第三航空戦隊を編成し、連合艦隊直属部隊とした。水母だけを航空戦隊の名で運用する、これも初めて試みであり、航空進歩の一階梯だった。

さて、青軍は第一艦隊、第二艦隊の連合艦隊だったが、赤軍・第四艦隊はいつものように〝かき集め艦隊〟だ。主力の第二戦隊は横須賀警備戦隊の「陸奥」を持ってきて旗艦にし、呉警備戦隊の「日向」と第一艦隊・第一戦隊からはずした「山城」の三隻で編成した。第四艦隊司令長官には、この年もまた舞鶴要港部司令官の出張だった。塩沢幸一中将、のちの大将、艦政本部長だ。彼の留守中は、中村亀三郎海大校長がつとめた。

大演習ともなると、海軍総がかりの行事なので、艦も人もやりくりがなかなか大変だったのである。海軍大学校の学生も狩り出された。一学年生は青軍、赤軍にそれぞれ審判官として配置され、二学年生は赤軍艦隊各艦に臨時乗組として、三ヵ月ほど転補された。むろんこの間は、大学校の学業は中止され、演習に専念したわけだ。

一〇月二〇日、第三期対抗演習に青軍は広島湾を、赤軍は佐伯湾を出撃した。アメリカ艦隊に仮想された赤軍は、紀伊半島に向けて東進し、それを青軍連合艦隊が邀撃、撃滅しようとの想定だった。

赤軍艦隊は、立ち上がるや青軍潜水艦部隊の哨戒にひっかかり、行動を探知されてしまった。二二日、日没ごろからは艦載水上機の触接もうけはじめた。夜半にいたって、ついに、加藤隆義第二艦隊長官のひきいる青軍大夜戦部隊が、入れかわり立ちかわり肉迫襲撃してきた。

赤軍主力はそのたびに、緊急一斉回頭で回避しながら照射砲撃をくわえる。あわや全滅、と思われたが、一隻が二ないし三隻に仮想されているので、簡単にはくたばらない。

しかも夜が明け、昼戦になると赤軍主力の砲力は強いから形勢は逆転する。したがって、夜戦部隊は未明のうちに戦闘を打ち切り、友軍部隊に合同、陣容をたてなおして昼戦決戦に転換するのが、通常の青軍戦法だった。だが、加藤夜戦部隊は引き揚げ時機がやや遅れたために合同できず、夜戦部隊も主力部隊も各個に撃破されてしまった。

演習ではあったが、日本艦隊全滅。無条約時代の幕明けを前にして、縁起のよくない結末であった。

無条約時代に突入

昭和一二年の年が明けた。いよいよ、日本海軍にとって制約のない自由な軍備ができる無条約時代の到来だ。といっても、日本に拘束がなくなったということは、いっしょに条約を結んでいた米国、英国なども、しばられない軍備が可能になったというわけである。

米、英、仏の三国は、引きつづき一一年三月に彼らだけで第二次ロンドン軍備制限条約をまとめ調印していたが、それは主力艦三万五〇〇〇トン以下、備砲一四インチ以下（ただし、一六インチにすることもあり得る）……という内容だった。すなわち、おたがいに質的な制限は設けたが、量的な規制はしていない。だから日本は、ワシントン、ロンドン両条約を破棄したことで、ブレーキのない建艦競争にみずから入りこんでいった、といえないこともなかった。日本が、彼らとくに米国と量的に対抗できる海軍軍備を持とうと望んでも、金なし、物なしの状態に置かれていることに、依然かわりはないからだ。

となれば、日本海軍は、国の防衛を全うするため、軍備にもそれを活用する戦法にも術力にも、なにか特長的な新機軸を生み出す必要があった。そんな、わが国の国防についての基本を定めた「国防方針」「国防所要兵力」「用兵綱領」に、三回目の改定を施したのは、昭和一一年六月だ。

二回目の改定はワシントン条約の締結をうけて、翌一二年に行なわれていた。この三回目の改定も、ロンドン条約調印で早急に実施する必要があったのだが、もろもろの事情で延ばされていたのだ。

それまで、日本の想定敵国としてアメリカ、ソ連、中国があげられていたが、こんどの改定でイギリスもくわえられた。日本海軍は、明治初期の創設時から英国海軍によって手ほどきを受けた。その後、日英同盟が結ばれ、日露戦争での勝利にもイギリスが陰に陽にわが国にあたえた援助が多大にあずかっていた。なのに、世の中は変わったものである。

第一次大戦後、同盟は解消され、英国は多分に米国に同調するようになったとはいえ、旧師の国を仮想敵国と考えざるを得なくなったのは、不幸なできごとであった。この件については、天皇からも「なぜ、新たに対英国作戦をくわえるのか?」と質問があったようだ。統帥部では、イギリスがシンガポールや香港の武備をこのころとみに強化しだしたことを理由にあげてお答えしている。したがって、対英作戦は極力さけたいと、とりわけ海軍は願っており、万やむを得ない場合を考えての計上であった。

陸上航空兵力の増強

さて、問題は金のかかる兵力整備である。海軍は、洋上遠く艦隊決戦をする〝外戦部隊〟の最低必要量として、今回、つぎのように策定した。

主力艦　一二隻（九隻）

航空母艦　一〇隻　（三隻）
巡洋艦　二八隻　（四〇隻）
水雷戦隊　六隊［旗艦　六隻／駆逐艦　九六隻］（一四四隻）
潜水戦隊　七隊［旗艦　七隻／潜水艦　七〇隻］（八〇隻）

カッコ内に書いた隻数は、第二回改定時に定めた保有量だ。くらべてみると、巡洋艦以下の補助部隊が減勢され、主力艦と空母が大幅に増やされているのがわかる。予定どおり完整すれば頭デッカチの艦隊になってしまうのだが、苦しい財布のなかから、攻めるに足らずとも〝護るに足る〟グンカンをひねり出すためには、しかたがなかったのであろう。

いちおう、むこう一〇年間の整備目標軍備とされたが、予測では、主力艦は米国の七〇～八〇パーセントを確保できると見込まれた。以前に述べた佐藤鉄太郎中将たちの「七割論」からすると、まあ、必要量は満たされることになる。ただし、あくまでも当分の間だ。

増勢される三隻の主力艦は、当面、練習戦艦「比叡」の高速戦艦化であり、将来的には昭和一二年度海軍補充計画、いわゆる③計画によって建造される巨大艦「大和」「武蔵」であることはいうまでもない。

ところで、このたびの国防所要兵力量改定で特徴的なのは、陸上航空隊が軍備の前面に顔を出してきたことだ。前回、大正一二年の改定のさいは〝戦列部隊の兵力に適応する航空隊〃としてしか、文中に触れられなかった。だが、それから一三年たった昭和一一年には、「外戦部隊及内戦部隊ニ充当スベキ常備基地航空兵力ヲ六五隊トス」と謳われたのだ。

この〃六五隊〃を、航空隊六五隊と解釈して記述した文章をときおり見うけるが、これは大きな誤りをおかすもととなる。海軍では、飛行機を複数機あつめ、戦闘行動ができる基本的な集合体を考え〃飛行隊〃と称した。一一年当時では、

艦上戦闘機隊、艦上爆撃機隊、艦上攻撃機隊、中型攻撃機隊＝各一二機（常用）

大型攻撃機隊、水上偵察機隊、小型飛行艇隊＝各八機（常用）

中型、大型飛行艇隊＝各四機（常用）

の編制ときめられていた。だがしかし、ここでの飛行隊は〃予算上〃のものであって、部隊で実際運用する場合の「飛行隊」はべつにあった。たとえば、戦闘機一コ飛行分隊は九機だが、この飛行分隊二～三を集めて「飛行隊」を形成し、さらに飛行隊がいくつか集合して海軍航空隊ができていたのだ。話はだいぶややこしい。だから、六五隊といっても、航空隊の数になおすとずっと減ってしまった。

山本五十六の〃不沈空母構想〃

ともあれ、このように〃航空重視〃の傾向が強まってきたのは、いちじるしい航空技術の進歩で、飛行機のもつ威力への信頼性が高まってきたからにほかならなかった。さきほど、刮目すべき新鋭機がつぎつぎ出現したことを記したが、こんな飛行機がわが海軍の戦略、戦

術のプランを書きかえはじめた。

敵国艦隊と想定されるアメリカ艦隊が在泊している根拠地を潜水艦で監視し、出撃してきたら執拗に追躡、襲撃して漸減する。そして、わが方との決戦予想海面に接近してきたならば、夜戦部隊によって敵主力の減勢をいっそう深め、翌朝、主力艦どうしの決戦で決着をつける。これが昭和一ケタ代に、日本海軍がいだいていた戦略構想だ。

ならば、そのとき、米艦隊は太平洋上をどのような道すじを選んで進撃してくるであろうか？

北方、南方、中央といくつかの航路が考えられた。このうち、真珠湾を出発後、直接小笠原諸島、マリアナ諸島の線を衝き、日本艦隊と決戦するコース、あるいはマーシャル諸島にまず足場をつくり、ついでトラック、グアム、フィリピンへと向かってくる、二つの中央航路のいずれかを採る可能性がもっとも高いと、日本海軍では推測していた。

太平洋諸地域防備制限条約は消滅し、南洋委任統治領はわが国が自主的軍備をすすめるうえで、きわめて重要度の高い存在となった。

そこで思い及んだのが〝長距離飛行機〟と〝南洋諸島〟の組み合わせ戦法である。マーシャル諸島を基地にして、新鋭・大型、超過荷重だと三三〇〇マイルの航続距離をもつ九七式飛行艇による哨戒を実施し、まず網にとらえる。

そうしたら、これまた新開発の九六式中型攻撃機の大群で、雷撃、爆撃の猛襲をかけようというのだ。この飛行機は二三〇〇マイルの飛翔が可能であり、制式採用された昭和一一年

九七式飛行艇。長大な航続力を発揮して広範囲の海域を哨戒

九月には、得猪治郎少佐指揮の中攻隊が、館山――サイパン間一二二〇マイルの無着陸飛行に成功している。しかもこのときは、途中で猛烈な雷雨をともなう悪天候に遭遇したが、ぶじ突破して新鋭陸上攻撃機の信頼性と実力のほどを示した。

九六中攻は、このように長大な航続力をもつので、南洋諸島の島々を点綴、自由に移動して攻撃海域を広範囲にひろげることも可能だ。となれば、南洋諸島は〝不沈空母〟となる。こんな発想の実現を強力に推進していったのは、当時の海軍航空本部技術部長山本五十六少将だった。基地化が着想されたのは昭和七、八年ころのようだが、まだ軍縮条約下にあったので、島への基地建設は実行されなかった。開始されるのは、一一年に条約が消滅した以後である。こうすれば、邀撃帯が東方に前進し、漸減戦の起こる機会が多くなる計算であった。

17表を見ていただきたい。一一年一二月三日に公表された「昭和一二年度艦隊編制表」だが、連合艦隊のなかに、今まで存在しなかった妙な戦隊がある。第一二戦隊がそれだ。一艦隊にも二艦隊にも所属せず、敷設艦「沖島」と水上機母艦「神威」、それに駆逐隊という取り合わせでどんな戦いを構想しようとするのか？
　いや、戦闘が目的ではない。じつはこの隊が、南洋群島基地化のための調査部隊だったのだ。二・二六事件のさい、特別陸戦隊を引き連れて東京へ上陸した宮田義一少将が司令官。群島中のめぼしい環礁を経めぐり、陸上飛行場、水上機基地それから艦隊泊地の適地を見つけ、兵要調査を行なった。そして、実際の建設は一三年度から始まったのである。

17表　昭和12年度の艦隊編制

連合艦隊	第1艦隊	第 1 戦 隊	長門　陸奥　日向
		第 3 戦 隊	榛名　霧島
		第 8 戦 隊	鬼怒　名取　由良
		第1水雷戦隊	川内 第9、第21駆逐隊
		第1潜水戦隊	五十鈴 第7、第8潜水隊
		第1航空戦隊	鳳翔　龍驤 第30駆逐隊
	第2艦隊	第 4 戦 隊	高雄　摩耶
		第 5 戦 隊	那智　羽黒　足柄
		第2水雷戦隊	神通 第7、第8、第19駆逐隊
		第2潜水戦隊	迅鯨 第12、第29、第30潜水隊
		第2航空戦隊	加賀 第22駆逐隊
	第 12 戦 隊		沖島　神威　第22駆逐隊
第3艦隊		第 10 戦 隊	出雲　天龍　龍田
		第 11 戦 隊	安宅　鳥羽　勢多　堅田 比良　保津　熱海　二見 栗　栂　蓮
		第5水雷戦隊	夕張 第13、第16駆逐隊
練習艦隊			八雲　磐手
連合艦隊付属			間宮　鳴戸
第3艦隊付属			嵯峨

艦隊決戦法に変革

　空母戦隊が初めて艦隊に所属するようになったころの戦技、演習では、当然、航空母艦の運用経験はなかった。飛行機の性能が低かったので、空母搭載戦闘機は来襲する敵機を撃攘し、まず味方艦隊上空の制空権を確保する。その条件下で、飛行機上から主力決戦時の弾着観測をしたり敵情を偵察する。また攻撃機も、煙幕を展張して主力艦の砲戦や水雷戦隊の突撃を容易にする……などが主任務にされていた。

艦上機による雷撃は昭和五年に実施されたが、使用魚雷の強度の関係から発射時の機速を下げ、魚雷も高度二〇メートルくらいで投下しなければならないほど幼稚であった。しかし、七年になると飛行機専用の九一式魚雷が採用されて、戦技のレベルはぐっと上がった。九年には夜間雷撃ができるまでに向上する。それだけではなく、新顔の艦爆も翌一〇年ごろから急降下爆撃にすばらしい命中精度をしめしはじめた。艦上機の攻撃力はいちじるしく増大した。これは活かさぬ手はない。

だが、そのような空母機と空母戦隊の威力増大は、アメリカ海軍も同様か以上のはずである。そこで、一一年ごろからわが海軍は、空母による航空攻撃の第一目的を敵航空母艦に先制空襲をかけることに改めた。その攻撃力を一時的に封殺し、積極的に敵味方上空の制空権を獲得してしまおうというのだ。

一〇年度から、建制上も第二航空戦隊が第二艦隊に配属されるようになったので、二航戦は、高速機動する前進部隊の一兵力として、よりいっそう先制奇襲の効果をあげることがのぞめよう。

それにくわえて、基地航空部隊が参入して活躍する。すなわち、主力部隊の決戦に先立って水雷戦部隊、潜水艦部隊のほかに、航空機による漸減戦が期待されだした。艦隊決戦の手法に、ここでまた変革が起きたのであった。

昭和一二年度の連合艦隊は、こんな戦略、戦術思想を背景に動きだしたのである。司令長官には米内光政中将が任命された。ところが、米内サンは全海軍士官が羨望するＧＦシチにせっかくなったのに、艦隊集合の直前、一二年二月二日、旗艦「長門」を降りなければならなくなった。べつにやりたくもない海軍大臣の椅子に座らされ、ＧＦ長官には、前大臣の永野修身大将がお手盛り的に就任したからだ。第二艦隊司令長官は、重巡「高雄」を旗艦とする吉田善吾中将。

この年度の連合艦隊は二月、三月と九州東岸、四国西岸の作業地ならびに付近海面で訓練、三月下旬から四月上旬にかけて華北方面へ巡航、帰ってからふたたび九州東岸、四国西岸海域で五月末まで訓練、ここで前期行動を終了する予定がたてられていた。計画はおおむね予定どおり進捗し、六月下旬になって第一艦隊は本州南岸、第二艦隊は九州東岸で後期訓練に入った。

そして、それから間もなくである。中国の北京西方を流れる永定河にかけられた蘆溝橋のほとりで、とつぜん銃声が一発鳴り響いた。そのとき、条約で認められた北京駐留の日本陸軍・一コ中隊が付近で演習をしていた。ちかくには中国軍もいた。どちらが先に発砲したのかわからない。双方ともに、自分たちは撃たなかったという。もしかすると、まったく第三者の発砲だったのかもしれない。両軍のあいだに戦闘が始まってしまった。

さらに一ヵ月後の八月九日、こんどは上海で海軍特別陸戦隊の大山勇夫大尉と斎藤与蔵一等水兵が、中国保安隊に惨殺される事件が起こった。ついに八月一六日、臨時閣議で陸軍の派兵が決定され、静観していられなくなった連合艦隊も、戦闘行動を開始する。一発の銃声が引き金となって、その後、太平洋戦争へとつづく日華事変がはじまったのだ。

単行本　平成十年八月刊「海軍フリート物語　上」改題　光人社刊

NF文庫

海軍フリート物語［黎明編］

二〇一九年四月十九日　第一刷発行

著　者　雨倉孝之

発行者　皆川豪志

発行所　株式会社　潮書房光人新社

〒100-8077　東京都千代田区大手町一-七-二

電話／〇三-六二八一-九八九一代

印刷・製本　凸版印刷株式会社

定価はカバーに表示してあります
乱丁・落丁のものはお取りかえ
致します。本文は中性紙を使用

ISBN978-4-7698-3114-3　C0195

http://www.kojinsha.co.jp

NF文庫

刊行のことば

第二次世界大戦の戦火が熄んで五〇年——その間、小社は夥しい数の戦争の記録を渉猟し、発掘し、常に公正なる立場を貫いて書誌とし、大方の絶讃を博して今日に及ぶが、その源は、散華された世代への熱き思い入れであり、同時に、その記録を誌して平和の礎とし、後世に伝えんとするにある。

小社の出版物は、戦記、伝記、文学、エッセイ、写真集、その他、すでに一、〇〇〇点を越え、加えて戦後五〇年になんなんとするを契機として、「光人社NF（ノンフィクション）文庫」を創刊して、読者諸賢の熱烈要望におこたえする次第である。人生のバイブルとして、心弱きときの活性の糧として、散華の世代からの感動の肉声に、あなたもぜひ、耳を傾けて下さい。

＊潮書房光人新社が贈る勇気と感動を伝える人生のバイブル＊

NF文庫

新人女性自衛官物語　陸上自衛隊に入隊した18歳の奮闘記
シロハト桜
一八歳の〝ちびっこ〟女子が放り込まれた想定外の別世界。タカラヅカも真っ青の男前班長の下、新人自衛官の猛訓練が始まる。

フォッケウルフ戦闘機　ドイツ空軍の最強ファイター
鈴木五郎
ドイツ航空技術のトップに登りつめた反骨の名機Fw190の全てとともに異色の航空機会社フォッケウルフ社の苦難の道をたどる。

なぜ日本陸海軍は共に戦えなかったのか
藤井非三四
どうして陸海軍は対立し、対抗意識ばかりが強調されてしまったのか――日本の軍隊の成り立ちから、平易、明解に解き明かす。

陽炎型駆逐艦　水雷戦隊の精鋭たちの実力と奮戦
重本俊一ほか
船団護衛、輸送作戦に獅子奮迅の活躍――ただ一隻、太平洋戦争を生き抜いた「雪風」に代表される艦隊型駆逐艦の激闘の記録。

ガダルカナルを生き抜いた兵士たち
土井全二郎
緒戦に捕らわれ友軍の砲火を浴びた兵士、撤退戦の捨て石となった部隊など、ガ島の想像を絶する戦場の出来事を肉声で伝える。

写真　太平洋戦争　全10巻〈全巻完結〉
「丸」編集部編
日米の戦闘を綴る激動の写真昭和史――雑誌「丸」が四十数年にわたって収集した極秘フィルムで構築した太平洋戦争の全記録。

＊潮書房光人新社が贈る勇気と感動を伝える人生のバイブル＊

NF文庫

ソロモン海の戦闘旗　空母瑞鶴戦史［ソロモン攻防篇］

森　史朗

日本海軍参謀の頭脳集団と攻撃的な米海軍提督ハルゼーとの手に汗握る戦いを描く。ソロモンに繰り広げられた海空戦の醍醐味。

日本海軍潜水艦百物語　ホランド型から潜高小型まで水中兵器アンソロジー

勝目純也

毀誉褒貶なかばする日本潜水艦の実態を、さまざまな角度から捉える。潜水艦戦史に関する逸話や史実をまとめたエピソード集。

最強部隊入門　兵力の運用徹底研究

藤井久ほか

恐るべき「無敵部隊」の条件――兵力を集中配備し、圧倒的な攻撃力を発揮、つねに戦場を支配した強力部隊を詳解する話題作。

証言・南樺太 最後の十七日間　知られざる本土決戦 悲劇の記憶

藤村建雄

昭和二十年、樺太南部で戦われた日ソ戦の悲劇。住民たちの必死の脱出行と避難民を守らんとした日本軍部隊の戦いを再現する。

激戦ニューギニア　下士官兵から見た戦場

白水清治

愚将のもとで密林にむなしく朽ち果てた、一五万兵士の無念を伝える憤怒の戦場報告――東部ニューギニア最前線、驚愕の真実。

軍艦と砲塔　砲煙の陰に秘められた高度な機能と流麗なスタイル

新見志郎

多連装砲に砲弾と装薬を艦底からはこび込む複雑な給弾システムを図説。砲塔の進化と重厚な構造を描く。図版・写真一二〇点。